オオグソクムシの本

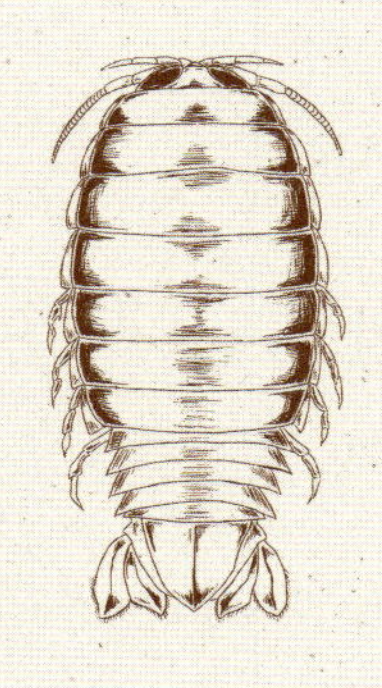
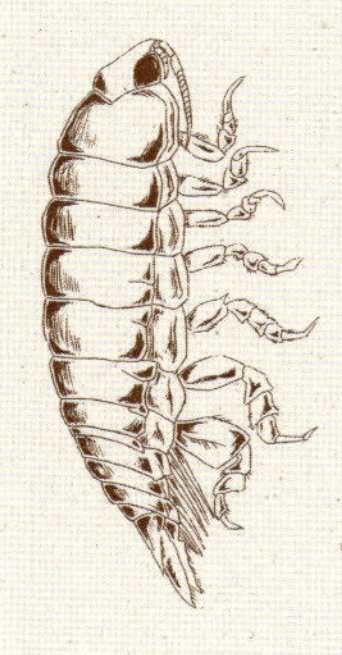
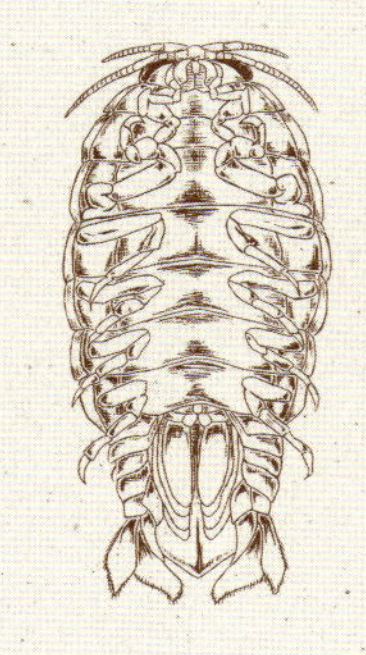

森山徹

青土社

はじめに

「書籍企画について相談させてください。個人的な話から始めて恐縮ですが、オオグソクムシの本を作りたいと思っています。昔から私自身グソクムシが好きで、本を作りたいと思っていたのですが、地元三重・鳥羽水族館のダイオウグソクムシ死亡のニュースを見て、いてもたってもいられなくなりまして……」。

当時青土社の書籍編集部に勤務されていた贄川（にえかわ）雪氏からいただいたこのメールが本書を書くきっかけとなった。確か、二〇一四年の二月だった。個人的な動機が最前面に押し出されたこの依頼を、誰が断れよう。私は、即座に承諾のメールを返した。

数日後、企画書が添付ファイルで届けられた。その第一行目はこうだった。

「オオグソクムシが大好きだ。」

「え？（お笑いコンビ、スリムクラブの内間（うちま）ばりの間を入れてから）主語は、誰？（同、内間風）」。

私は、パソコンの画面に向かってそうつぶやいた。確かに、私はオオグソクムシを飼っている。

しかし、大好きだと言った覚えはない。もしかしたら、そう言ったことを忘れたのかもしれない。しかし贄川氏が知るはずはない。氏には会ったことがないのだから。

百歩譲って、オオグソクムシのフォルムには惹かれる。しかし、大好きだとまで思ったことなどない。いや、好きという類の感情を、この動物に対して抱いたことはない。というか、そういう感情が生じても、氏が察するはずはないではないか。会ったことはないのだから。

しかし、こうもあっさり「大好きだ」と断言されたせいで、私の頭の中には不思議な問いが棲みついてしまった。

「もしかしてオレは、オオグソクムシのことが大好き、なのか？」。

この疑問の答えを追求する義務などない。しかし、それを突き放すことほど野暮なことはない。そもそも、贄川氏は本気なのか？　本当にこの本を作りたいと思っているのか？　いろいろと考えてしまい、なかなか執筆に取りかかることができなかった。

「『オレは、オオグソクムシのことが大好きなのか？』この問いに喜んでつきあってみよう」。

そう思えるまで一年近くを要した。そしていざ書き始めると、知識不足が露わになり、下調べにずいぶん時間が費やされた。一体、どこまで勉強すればよいのか。時間はどんどん過ぎていく。贄川氏は二〇一五年四月に他社へ移ってしまった。原稿は果たして完成するのか。どうすれば勉強に片を付けられるのか。こうして悩みながら出来上がったのが、本書である。贄川氏の依頼から、四年が経っていた――。

オオグソクムシの本　目次

第三章　研究――オオグソクムシ・フリークたちの足跡

オオグソクムシの本

第一章　入手——長兼丸乗船記

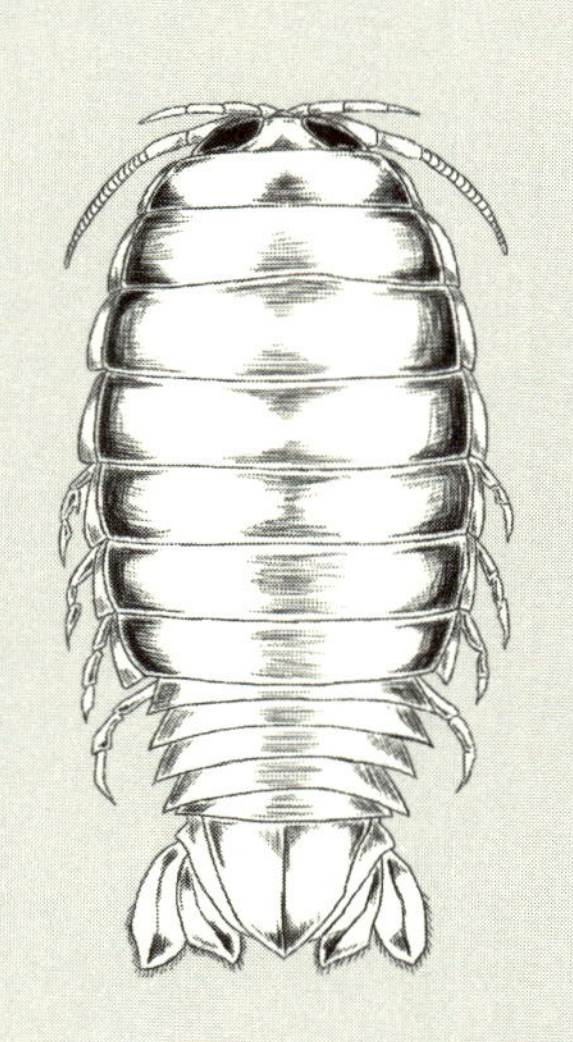

ファースト・コンタクト

揺れている。ものすごく揺れている。いや、突き落とされ、引き上げられるの繰り返しといった方が正確だ。ここは長兼丸の甲板の上。駿河湾の西部、焼津(やいづ)市の小川(こかわ)港から約四キロメートル沖の海の上。拷問のようなこの揺れからは、逃れたくても逃れられない。気を紛らわそうと陸へ目をやると、晴天の下、富士山は揺れることなくどっしりと、鏡餅のように、家々の上に供えられている。海抜ゼロメートルからの眺めは初めてだった。

以前から、「オオグソクムシの採集現場を見てみたいなあ」と、当研究室学生の鷹野紳輔となんとなく話していたが、どうすればよいかわからないまま保留になっていた。そのことをふと思い出し、グーグルでキーワード検索すると、深海生物の漁を専門とする焼津の「長兼丸」がヒットした。検索を進めると電話番号も見つかったので、すぐにかけてみた。すると、年配の女性が電話に出た。「間違えた」と思い、切ろうとしたが、なぜか後ろ髪を引かれ、「長兼丸さんですか」と尋ねてみた。すると、そうだとの答えが小さな声で返ってきた。間髪いれず、「オオグソクムシの研究をしている者ですが」と話すと、大将に代わるからちょっと待ってと言われた。どんな人だろう。大きく息を吸って、吐いて、吸って……いる途中で、大将が出た。

「オオグソクムシの採集現場を見てみたいんです」。

自己紹介もそこそこに、早口で話してしまった。すると、意外とあっさりと、「じゃあ漁船に乗りな」と返事をいただけた。落ち着いたのでゆっくり事情を話しながら会話を進めると、これまでにも多くの学生や研究者が乗船したことがわかった。どうやら私たちは、すでに九十何組目かの客であるようだ。

大将は、乗りたい日の前日、あるいは前々日に電話するようにと言われた。慌てて携帯番号をメモした。番号には九が五つも入っていた。

翌日、鷹野と相談し、一週間後の一八日に行くことに決めた。鷹野はその旨を早速大将へ電話で伝えたが、予約は前日か前々日しか受けつけないの一点張りだったらしい。昨日そう言われたのだから当たり前だ。ただ、大将の名前は「長谷川」だとわかった。また、乗船代は一人あたり保険料の五〇〇〇円のみとのことだった。鷹野は、ワゴンRを持っている同僚の中野琢也と一緒に向かうこととなった。私は前日入りしたかったので、学用車を別で予約した。

出立

四月一七日。乗船希望日の前日。手土産に、地酒、岡崎酒造の「上田城」と信州ハムの「長槍ベーコン」を大学近所のイオンで購入した。「上田城」は酒好きの中野のお墨付きだ。ネットの天気予報では、焼津市の天気は不安定だが、一八日に雨の心配はなさそうだった。ただ、寒冷前線通過直後となるので、風が強いこと、波が高いことが予想された。したがって漁が実施されるかどうか、予想がつかなかった。

一三時頃、鷹野から電話がかかってきた。長谷川氏と電話で漁の打合せをしてくれたらしい。明日は出漁の予定。出航は朝五時。私たちは、小川漁港そばのサークルＫで四時半に待ち合わせることにした。

私は一七時に上田を出発した。車には、オオグソクムシを入れる漬物用蓋付きバケツ二個、それらを入れる、氷入り発泡スチロール製クーラーボックス、海洋深層水三六リットル、そして寝袋を積んだ。焼津市は、上田市からほぼ真南へ約二〇〇キロに位置する。

二一時半に焼津駅付近へ到着した。雨が降った形跡が見られたが、晴れていた。気温も低くなかった。車中泊で風邪をひく心配はなくなった。街は閑散としていた。セブンイレブンでサラダを買い、車の中で食べ、ゴミを捨てたその足で、隣のラーメン屋のドアを開けた。年配の男性たちが、一斉に視線をこちらへ向けた。本当に、視線が矢のように飛んできた。人数は四人で、小上がりで麻雀をしている最中だった。視線の矢は刺さったが、幸い痛くはなかった。皆、にこにこしていて、一人が「いらっしゃい」と言ってくれた。

「ラーメン、やってますか」。おずおずと聞くと、カウンターの奥から気さくな感じで「どうぞ座って。やってますよ」との答えが返ってきた。丸椅子へ座ると、店主がメニューを差し出した。意外と品数は豊富だったので、肉ニラ炒めと小ライスを注文した。

待っていると、三〇代くらいの兄さんが入ってきた。椅子二つ向こうに座り瓶ビールを注文した。常連さんのようで、店長と気さくに話し始めた。なぜか、時々視線を浴びせられた。そのせいで時々緊張が走ったが、肉ニラ炒めはうまく、ライスと抜群のハーモニーを奏でた。

二〇分ほどですべて平らげ、八〇〇円を支払い店を出た。食後に甘いものを食べずにはいられない私は、再びセブンへ入り、あんこ草もちとブルガリアヨーグルトのプレーン、そして一〇〇パーセントオレンジジュースを購入し、車内で平らげた。

ゴミを捨て、セブンを出発し、三キロ離れた翌日の待ち合わせ場所、小川港そばのサークルKへ着いた。買い物はせず、そこからさらに一キロほど離れた石津浜公園へ向かった。駐車場へ車を止めるとちょうど一一時だった。携帯の目覚ましを四時にセットし、シートを倒して目を閉じた。寝入りは暖かかったのに、夜中は寒く、目が覚めた。寝袋へもぐり込むと、すぐまた眠りについた。

対面

一八日。四時少し前、目覚ましが鳴る前に目が覚めた。公園のトイレで洗顔、歯磨き、そしてコンタクトレンズの装着を済ませた。予定より少々遅れ、四時三五分に昨日確認したサークルKへ到着した。中野と鷹野はワゴンRの車内ですでに待っていた。

長兼丸の正確な停泊場所はわからなかったが、中野の勘で、四時五〇分に船のそばへ辿り着いた。長兼丸と確かに書いてある（図1）。直後にタクシーが到着し、がたいのよい三〇代の男性が降りてきた。前日の電話で同乗者ありと聞いていたので、その人だなと思った。ほどなくして軽トラが一台到着し、年配の男性と、身長が一八〇を優に超えている、私より少し若い感じの男性が降りてきた。長谷川氏と、そのお弟子さんだなと思った。

タクシーの男性は、知り合いといった感じで長谷川氏へ会釈した。こちらも三人へ歩み寄り、あいさつした。年配の方は長谷川久志大将、そして若い方は息子の一孝氏だった。鷹野が手土産の入った袋を大将へ渡した。袋には、拙著『オオグソクムシの謎』（PHPエディターズ・グループ、二〇一五）も入れておいた。タクシーの男性は日テレの番組のロケの下見で来ていて、今日で二日目だと言った。名前は金光豪。テレビ番組製作会社「株式会社いまじん」のディレクターだった。大将とは他の番組でも一緒に仕事をしたことがあるようで、「五郎丸」と呼ばれていた。確かに、がっちりした体と髪型がラグビー選手の五郎丸に似ていた。

長谷川父子は淡々と出航の準備を始めた。船室の外壁には「深海力」のステッカーが貼られていた（図1）。確かに深海生物専門のようだ。船室の後方には一メートルほどの長さの黒い筒がうず高く積まれていた（図2。後日、六〇〇本と大将に教えてもらった）。「あれはトラップ（魚を捕まえる罠）ですかね」。中野が言った。

大将は小柄だが、放たれるオーラは「ザ・海の男」だった。一方、若大将の一孝氏はまるでアメフト選手のようだった。真っ黒に日焼けした肌に、白フレームのメガネが印象的だった。大将

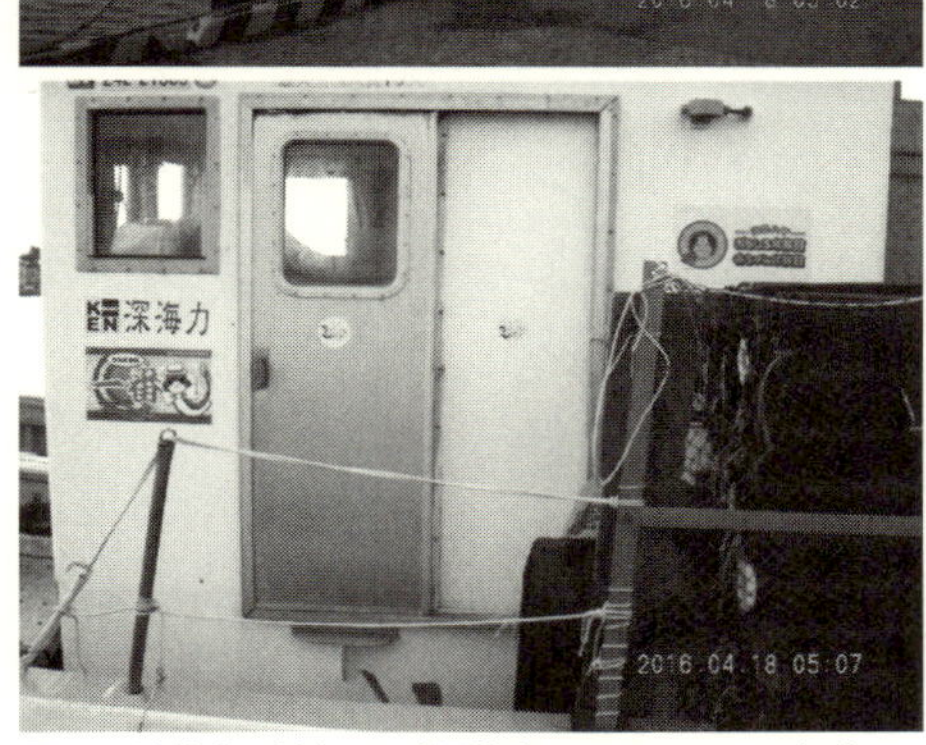

図1　長兼丸（上）と「深海力」ステッカー（下）

図2　うず高く積まれたトラップ（アナゴ筒）

は気さくによくしゃべってくれたが、若大将は寡黙だった。しかし、話しかけると普通に返してくれた。優しい人だとわかった。差し出された乗船名簿に三人の名前を記載した。

出航

五時一〇分に乗船すると、長兼丸一九トンは小川港を出航した。港の中にいるのに波が高くなり、船は左右へ大きく揺れた。天気予報は、晴れだが波の高さは三メートル、うねりをともなうと言っていた。船は港を出てさらに沖へ。揺れている。ものすごく揺れている。いや、突き落とされ、引き上げられるの繰り返しだ。船酔いを覚悟した。

若大将は船室で操舵し、大将はデッキで漁の準備を始めた。「鉢」と呼ばれる直径三〇センチメートルほどの赤いたらいの縁に、小指くらいの大きな針が五〇本ほどぶらさがっている（図3）。鉢の中には巻かれた縄が入っている。大将は一つ一つの針に一〇センチメートルほどの大きさの魚の切り身を付けていく（図3）。聞くと、サバだと答えてくれた。鉢は全部で五杯用意された。切り身は深海鮫を捕らえるためのエサだ。

五時半。大将は続いて両手のひら大の魚の切り身を出し、包丁で数個に切り分けた（図4）。若大将は切り身一つを乗船前に見た黒い筒の中へ入れ、漏斗状の蓋を付けた（図5）。中野が予想した通り、この筒は「アナゴ筒（どう）」と呼ばれるトラップだった。餌の匂いに引き寄せられ漏斗の口から筒の中へ入った獲物は出られなくなる。トラップは全部で一五本用意された。

六時頃、漁のポイントへ到着した。どうやら「延縄（はえなわ）」をやるらしい。延縄は、数百メートル、ときには数キロメートルの長さの「幹縄（みきなわ）」と、そこから延びるいく本もの短い「枝縄（えだなわ）」からできている。枝縄の先には餌の付けられた針やトラップといった仕掛けが付いている。この延縄を海中に漂わせ、獲物が枝縄の仕掛けに掛かるのを待つのだ。

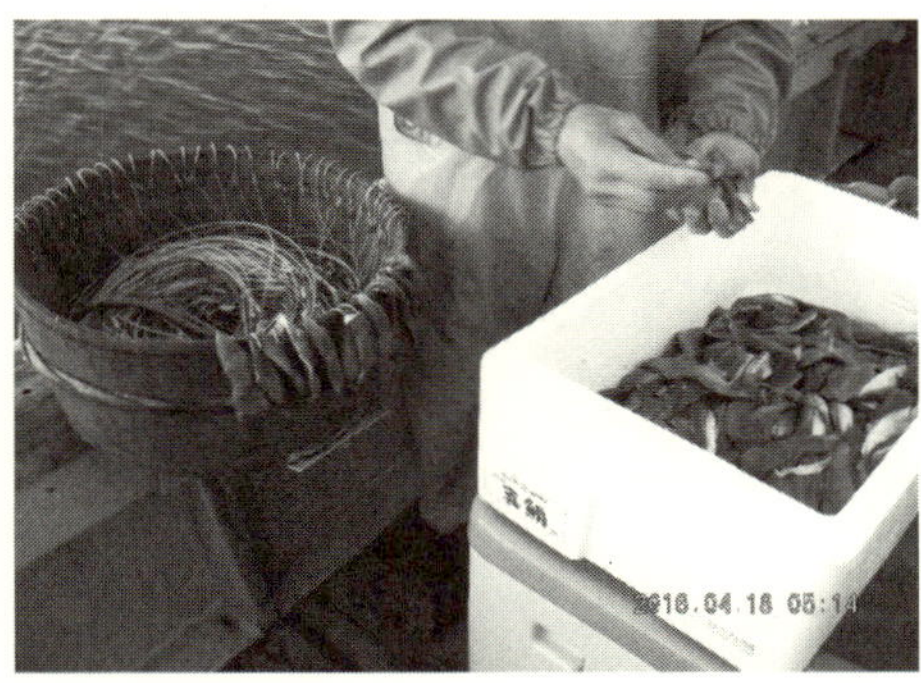

図３　延縄のエサ（サバ）を針につけ、鉢へかけていく様子

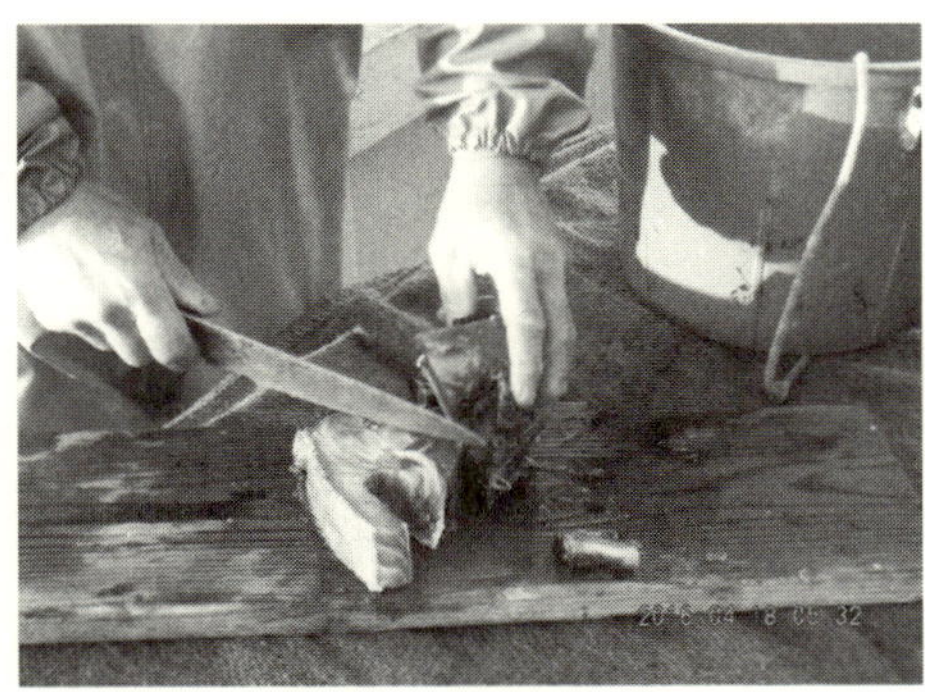

図４　魚の切り身（トラップ用のエサ）

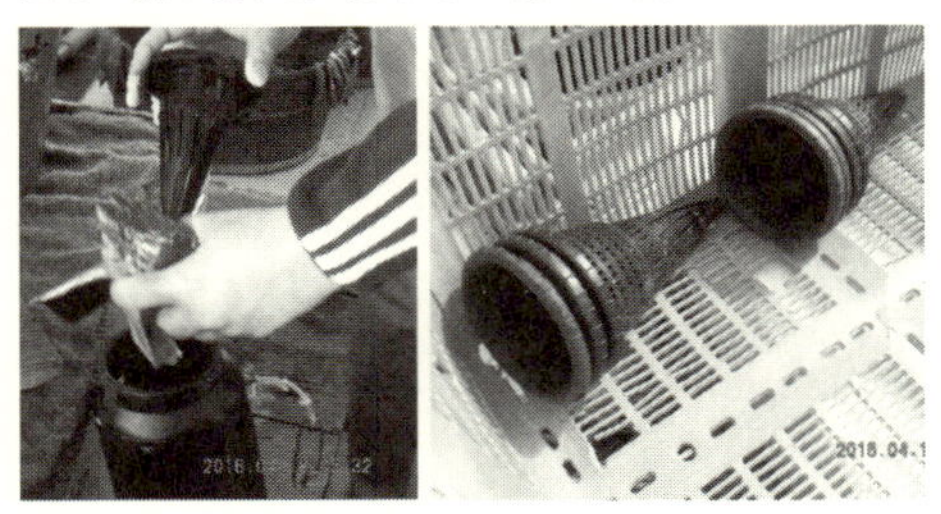

図５　トラップへエサを入れる様子（左）とトラップのフタ（右：漏斗状になっているので入ると出られなくなる）

大将が「入るよっ」と声を出し、黄色い浮きを海へ投げ入れた。続いて、数束にまとめられた、長さ五五〇メートルの「浮縄（うきなわ）」が投げられ、最後に錨（いかり）が沈められた。このポイントを起点とし、延縄が海中へ仕掛けられるのだ。

大将はサバのぶら下がった鉢を一つ引き寄せると、「一番元気な『みどりくん』。手伝って」と私を呼んだ。私のレインウェアが緑色なので、私は「みどりくん」らしい。作業台の上へ重りを広げると、「これ一つずつ渡してくれる」と言った。大将は、鉢の中の縄の一端に重り一つとサバを数匹付け、重りと反対側の一端を幹縄へ付ける、という作業を繰り返した。私は大将が差し出す手のひらに重りを渡す作業を繰り返した。

鉢に入っていたのは枝縄だった。船は幹縄に沿ってゆっくりと進んだ。操縦するのは若大将だった。海中では、重りで沈んだ枝縄を軸にサバが揺れているのだろう。幹縄を沈子（ちんし）と呼ばれる重りで沈めてカレイやヒラメ等の底生生物を捕らえる漁は「底延縄（そこはえなわ）」と呼ばれる。一方、縄を浮かせてマグロやサケ、マスのような遊泳生物を狙う漁は「浮延縄（うきはえなわ）」と呼ばれる。大将たちは、「底延縄」で深海生物を狙ったのだ。

半分ほどの枝縄が投げられると、アナゴ筒三本が沈められた。「今の、おたくっちのために入れたやつだから」と大将が方言混じりで言った。この筒でオオグソクムシを捕らえるようだ。一投目のアナゴ筒が投入されたのは六時一五分。場所を鷹野が若大将へ聞いた。小川港の灯台からほぼ真東へ一・四マイル。富士山が実に美しかった。トラップの水深は三九〇メートルだった。

鉢は次々と空になっていった。二投目は六時二五分ごろ。場所は北緯三四度五一分、東経一三八度二二分。灯台から一・七マイル。水深三七〇メートル。三投目は六時三五分。灯台から一・八マイル。水深三一〇メートル。北緯三四度五二分、東経一三八度二二分。以上のように、アナゴ筒は三か所に三本ずつ、計九本沈められた。

漁果

私たちは、七時ちょうどに帰港した。漁の成果を見る「揚縄（あげなわ）」のための出航は八時半と決まった。中野は陸（おか）で待機、揺れの拷問に耐えられた私と鷹野が再び乗船することになった。私たちと金光氏の四人は中野の車に乗り、「小川港魚河岸（うおがし）食堂」へ向かった。海鮮丼、シラス丼、カレー、その他魅力的な各種定食がずらりとメニューに掲げられていた。空腹だったが、満腹では揚縄のときに酔ってしまうかもしれないので、ぐっとこらえてお茶をすすった。慣れているのか、金光氏は定食をうまそうに食べていた。中野は回復した様子で、どんぶりを頬張っていた。鷹野は私と同様、茶をすすった。

金光氏はこれまでに何度も過酷な状況でロケを行ってきたと言った。今回は、翌日が番組本番で、今日は最後の下見とのことだった。連日の下見でお疲れらしく、食事を済まされると、すっかり眠そうな表情になられた。

八時に港へ戻った。エネルギー源だけは摂取しておこうと、私はサークルKへ行き、ロッテのガーナチョコを買って食べた。港で休憩していると、八時二〇分に長谷川父子の軽トラが戻ってきた。中野にオオグソクムシを保管するバケツ内の水温を五から一〇度に調整して待機するよう頼んだ。

八時半、予定通り出航。八時五〇分ごろにはポイントへ到着した。長谷川父子は青色の帆を立てた。波は相変わらず高く、うねりも十分だった。九時に若大将が浮きを回収した。続いて幹縄をウィンチに巻きつけ、延縄を引き揚げ始めた。若大将の太い二の腕がゆっくりと縄を引き揚げた（図6）。

九時一〇分。最初のアナゴ筒の姿が見え、デッキへ上げられた。錨も揚がった。長谷川父子の表情が明るくなかった。一本目は空だった。続いて二本目。大将が蓋をはずし、筒をひっくり返すと「ヌタウナギ」が一匹現れた。そして九時一五分に三本目。今度はヌタウナギ一〇匹ほどがバケツへ出された（図7）。この動物の出す多量の粘液「ヌタ」でバケツの中はドロドロになった。筒からも半透明のヌタが流れ出ていた。採れたヌタウナギは韓国へ輸出されるそうだ。韓国には、ヌタウナギの料理があるらしい。大将によると、多いときは一日一トン採れるという。また、一部は国内の料理店へ卸されるそうだ。例えば、高田馬場にある「米とサーカス」や、桜木町の「珍獣屋」といった、少し変わった趣向の料理を出す店である。これらの店では、オオグソクムシの素揚げなども食べられるらしい。今回の三本の筒には、残念ながら、オオグソクムシは入っていなかった。

アナゴ筒に続いて、サバを付けた針が揚がってきた。サバが付いたままの、あるいは針だけになった枝縄がいくつか続いた後、九時四〇分、赤の体色が鮮やかな七〇センチメートルはあろう大型の「アコウダイ」が揚がった（図8）。水圧の急激な減少で目玉が飛び出していた。このアコウダイや、これと見た目がそっくりな「メヌケ」は大変美味な高級魚だ。若大将は手早く氷を

図6　ウィンチを巻く若大将（長谷川一孝氏）

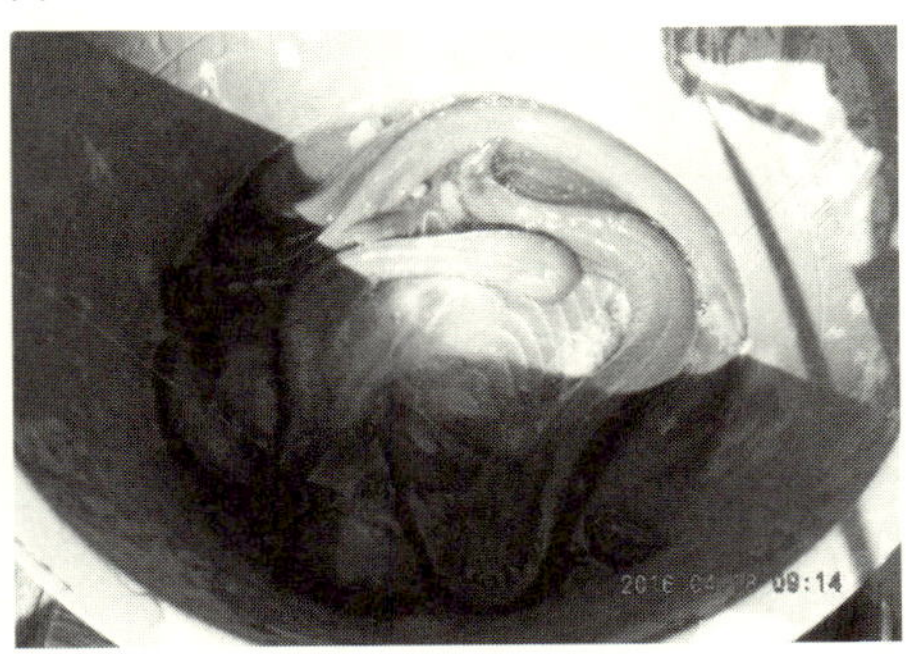

図7　ヌタウナギ

図8　高級魚アコウダイ

発泡スチロール容器へ詰めるとアコウダイを入れ、海水を少々加え、蓋をした。

この日の漁の狙いは深海鮫、しかも抱卵しているメスだった。金光氏が翌日担当する番組の企画は、深海鮫の卵を食べることだという。今回は狙いのメス鮫が捕れるポイントを探すことが最大の任務だった。

その後、やはり七〇センチメートル級の魚が数匹揚がった。ボラのような印象だが、深海に生息する「オキギス」という魚で、すり身にして食べると大変美味だと大将が教えてくれた（図9）。また、四〇センチメートルほどで、頭部が角ばり、先端が角のように尖った奇妙な魚も揚がった。これは「トウジン」と言って、煮つけるとうまいと言う（図9）。大将はどれも持って帰っていいよと言ってくれ、発泡スチロール容器に氷を詰めてくれた。私と鷹野は喜んで魚を入れた。二投目のアナゴ筒三本は九時四五分ごろ引き揚げられたがほぼ空だった。「ドングリバイ」という小さな巻貝が数個入っていた。あまり知られていない貝だが、うまいらしい。

九時五〇分。遂に深海鮫が揚がった。若大将が「サガミです」と教えてくれた（図10）。金光氏も大きなカメラを抱えながら急ぎ足で寄ってきた。デッキに揚がったサガミザメの体長は一メートルほどだった。私たちがよく知るホオジロザメのような体型とは違い、サガミの頭部は体の上下に扁平でヘラのようになっている。体型がそっくりなヘラツノザメは名前がまさに体を表している。ヘラツノに比べ、サガミの方が、体色がやや黒っぽい。眼は深海鮫特有の大きく緑がかったガラス玉状だった。

このサガミの腹をさすりながら、大将は、「これは入ってるよ」と言った。どうやら、腹が通常より大きいようで、卵を抱いている可能性があるようだった。さらに大将は、腹に付いた歯型を確認し、抱卵を確信したようだった。この鮫の仲間の雄は、交尾の際、雌の腹を軽く咬むらしい。近づいてみると、確かに歯型がくっきりと残っていた。この雌サガミは、有精卵を抱いている可能性が高かった。

図9　オキギス（上）とトウジン（下）

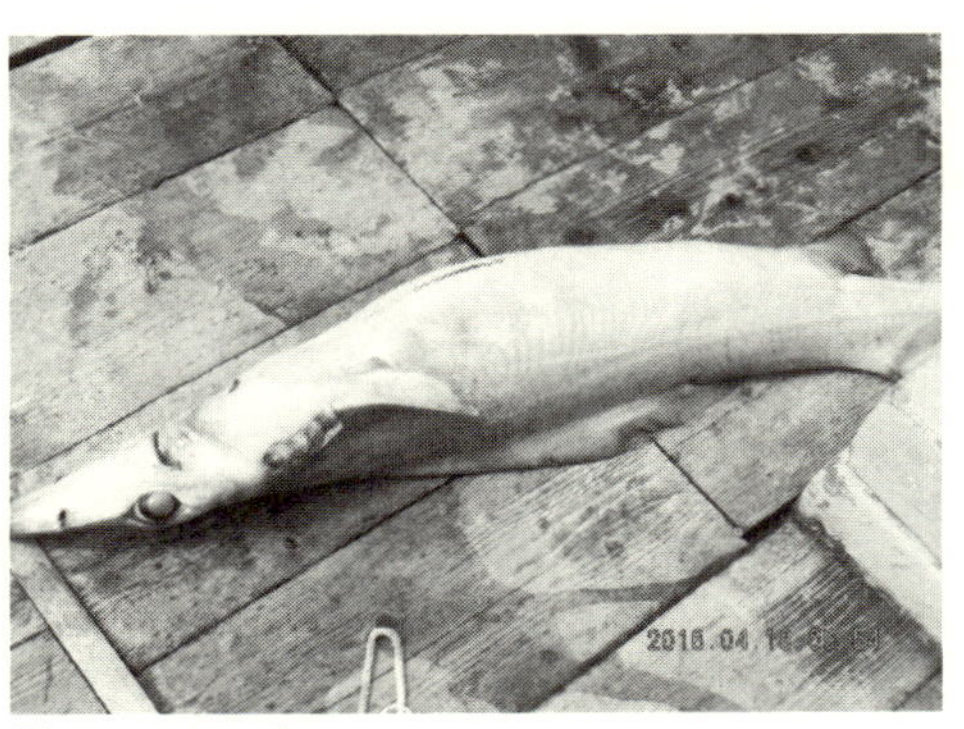
図10　サガミザメ

一〇時三〇分。最後の筒が揚げられた。しかし、オオグソクムシは入っていなかった。大将は、明日は別のポイントへ行くよと金光氏へ話していた。その後、より小型のサガミザメ二匹が揚がった。オキギスがしばしば揚がり、トウジンも二匹追加された。

最後の延縄の揚縄も終わりかけた一〇時五〇分。これまでに比べ、明らかに大きな魚影が海中に現れた。若大将が、「アンコウだ」とつぶやいた（図11）。二人にとって、漁でアンコウがかかったのは初めてのようだった。そして、アンコウの下にぶら下がる枝縄に、別の大きな魚影が見えた。

両手に一抱えもありそうなアンコウが、ボテっと大きな音を立ててデッキへ揚げられると、続いて真っ黒な大型の魚が揚がってきた。若大将は「ヨロイだ」とぼそりと言った（図12）。それは、体長一メートルはあるヨロイザメだった。大将は「ゴジラみたいだろう」と言った。体表は黒く、ザラついていた。頭部先端はあまりシャープではなく、ずんぐりしていた。その風貌は、確かにゴジラだった。

一方、アンコウは長谷川父子に冷たく扱われていた。どうやらアンコウにも様々な種類があるようで、今回揚がったアンコウは、彼らの知らない種らしかった。彼らは、このアンコウは食べられない種だと思ったようで、それをデッキの上に放置していた。そのため、アンコウは、船が揺れるたびに、デッキの上をあちらこちらと滑り、最後には排水用の溝の中に収まった。

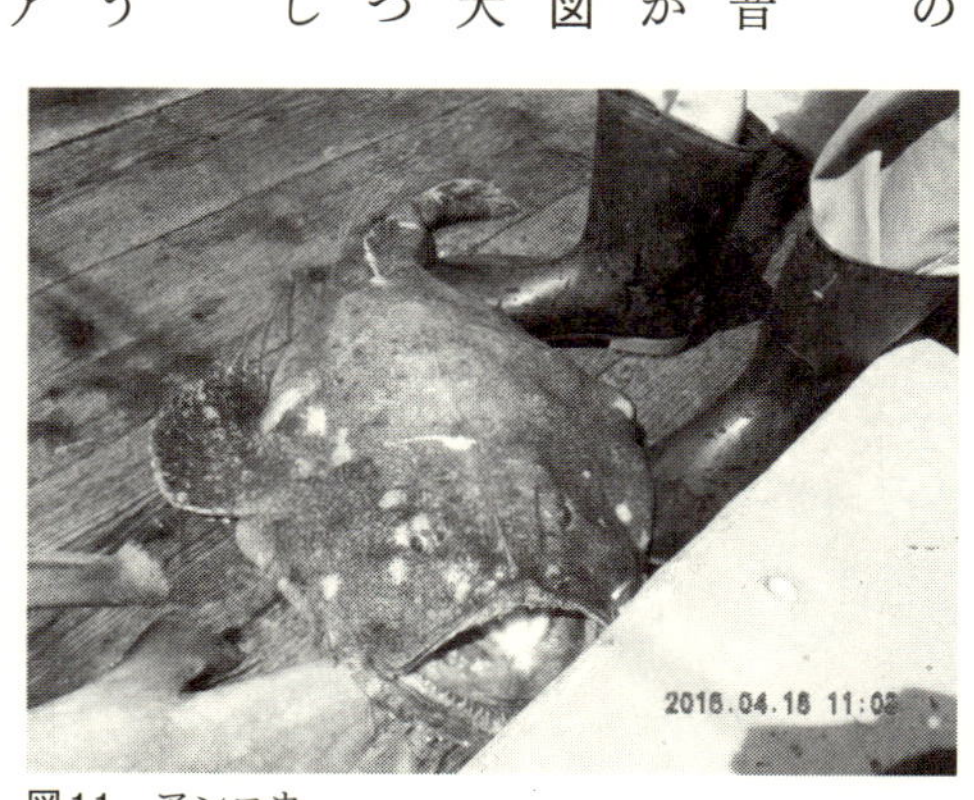

図11　アンコウ

本命

残念ながら、オオグソクムシは一匹も掛からなかった。自然相手なのでそのようなケースも想定していたが、このままでは実験が進まないので、内心焦っていた。すると、大将は、そんな私の気持ちを察したのか、オオグソクムシを貯めているポイントへ連れて行ってやると言った。

一一時二〇分。そのポイントへ到着すると、若大将が予め沈めてあった筒を引き揚げ始めた。そして一五分後、深海から一本の筒が揚がってきた。大将が用意したカゴへ向かって若大将が筒の口を向けると、オオグソクムシが次々と流れ出てきた。

図12　ヨロイザメ（上の一番上。他の三匹はサガミザメ）とその眼（下）

まだ胸脚が六本しか揃っていない、体長五センチメートル程度の若齢個体（マンカ）も入っていた。どの個体も腹がパンパンに膨らんでいた。筒の中のタチウオやサバの肉をしっかり食べていたようだ。実験用個体が手に入り、私は正直、ほっとした。安心しすぎて、肝心の撮影を忘れてしまった。

一二時三〇分に、港へ帰ってきた。中野が手を振っていた。一二時四〇分、船が接岸すると、デッキの上で一番大きなサガミの腹が裂かれた。長さ三〇センチメートルほどの薄黄色の袋がつるりと流れ出てきた。卵巣だった（図13）。袋の先端を大将が切ると、中から八個の卵があふれるように出てきた（図14）。非常に柔らかいようで、ほとんどがすぐに原型を失い、液状になってしまった。大将が、胚が付いている卵を見つけ、教えてくれた。確かに、魚の形をした一センチメートルほどの胚が付いていた（図15）。

デッキでは、中野が用意してくれたバケツへオオグソクムシをゆっくり投入した。事前に鷹野が大将から一匹消費税込で五四〇円と聞いていた。乏しい財布の事情で三〇匹にしたかったが、全部でちょうど四〇匹だった。大事な、そして、わざわざ採って下さった実験動物を捨てるわけにはいかなかった。全部いただくことにした。とにかく、手に入って、本当によかった。

乗船後記

船を降り、皆で港の近くの「ちえの台所」で昼食をとった。注文した海鮮丼は、もっちりした新鮮な刺身が酢飯と絶妙にからみ、本当に美味だった。食事中、大将から「深海鮫エキスが二型糖尿病を軽減することを研究してくれる人はいないか」と相談を受けた。大将は糖尿病で、数年前、ヘモグロビン・エーワンシー値一六・五、空腹時血糖値三五〇と重症だったが、三か月間、自身の工場で精製した深海鮫エキスを服用し続けたところ、それぞれ六、および、九〇から一二〇へと軽減し、現在も服用を続け、安定しているそうだ。さらに、その後、知り合いの糖尿病患者へ同エキスを薦めると、多くの人で軽減の効果が見られたそうだ。大将は「焼津から糖尿病をなくす会」の会長を務めている。帰り次第、この相談に乗ってくれそうな研究者を探すことを約束した。

一四時半、港へ戻り、大将が安くするから買っていきなと薦めてくれた「ミルクガニ」を購入した。正式な名前はエゾイバラガニで、脚が八本である通り、カニではなくヤドカリの仲間だ。乗船代、オオグソクムシ、ミルクガニの代金、合わせて一八六三〇円を支払った。ミルクガニは

図13　サガミザメの卵巣

図14　サガミザメの卵

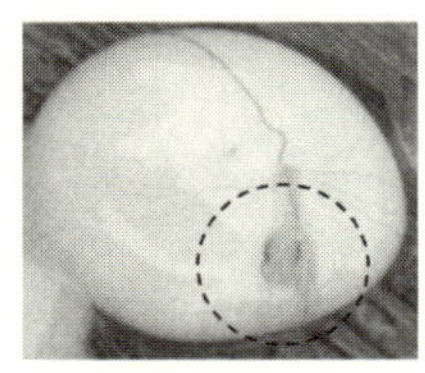

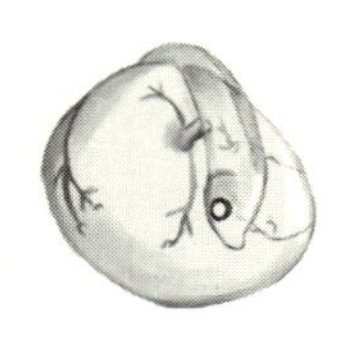

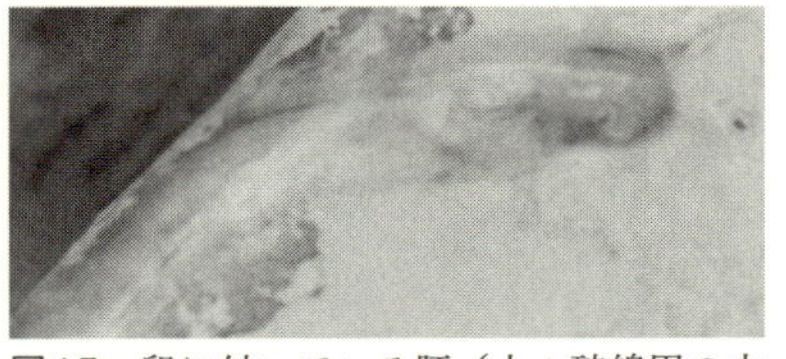

図15　卵に付いている胚（上：破線円の中央）と分離された胚（下：右側が頭部。眼が見られる）

八〇〇円を六〇〇〇円へ、オオグソクムシは四〇匹分を三〇匹分の値段にしてくれた。金が足りないので、中野に五〇〇〇円を借りた。その後皆で写真撮影し、上田への帰途についた（図16）。

道中、水温を確認したり、「酸素を出す石」を追加したりしつつ、一九時半、すべての個体を大学の実験室の水槽へ移した。正確には四二匹、内若齢個体三匹だった。運搬中死んだ個体はなく、どの個体も水槽中で泳いだり歩いたりしていた。移送完了後、実験室でオキギス九匹、トウジン一匹をそれぞれ三枚におろし、アナゴ一匹の内臓を抜き、すべてを冷蔵庫へ保管した。ミルクガニの入った発泡スチロール容器を開けると二匹入っていた。そして両方生きていた。これらも冷蔵庫へ保管した。

翌日、ミルクガニ一匹を自宅へ運び、大将のご指導に従い、妻に蒸してもらい、家族でおいしくいただいた。カニは、運んだ時点ではまだ生きていた。蒸して

図16　左から、金光氏、中野、長谷川久志大将、鷹野、筆者

いるとき、バターのような匂いが台所いっぱいに立ちこめた。肉は、確かにミルクのような濃厚な匂いがし、味もタラバよりはしっかりして本当に美味だった。橙色の内子は特に濃厚で、少し粘り気があり、鶏卵の半熟の黄身のようでうまかった。卵は無味だったが、プチプチする食感を楽しめた。同じく持ち帰ったオキギスはすり身にするまで、トウジンは煮つけにするまでの間、自宅の冷凍庫で保管することにした。翌日、中野と鷹野は、もう一匹のミルクガニを炭火で焼いて食べたそうだ。

四月二二日、某大学医学部の糖尿病・内分泌代謝内科へ深海鮫エキスの研究の可能性の問い合わせメールを送ったが、その後返事は届けられていない（二〇一八年二月時点）。

いただいたオオグソクムシのうちの四匹は、鷹野によって早速、実験の準備のためにマルチハイデンス装置へと移された。マルチハイデンス装置はアクア株式会社の製品で、水温制御できる循環式の多水槽システムである。私たちの研究室の装置では、五〇リットルの円筒水槽が架台の上に四台並び、その下にはサンゴ骨格が詰められたろ過槽、水温を制御する冷却ユニット、循環用ポンプが配置されている。後述の通り、今回いただいた個体は次々と実験に使われ、結果は上々となった。

第二章　オオグソクムシのかたち——その外側と内側

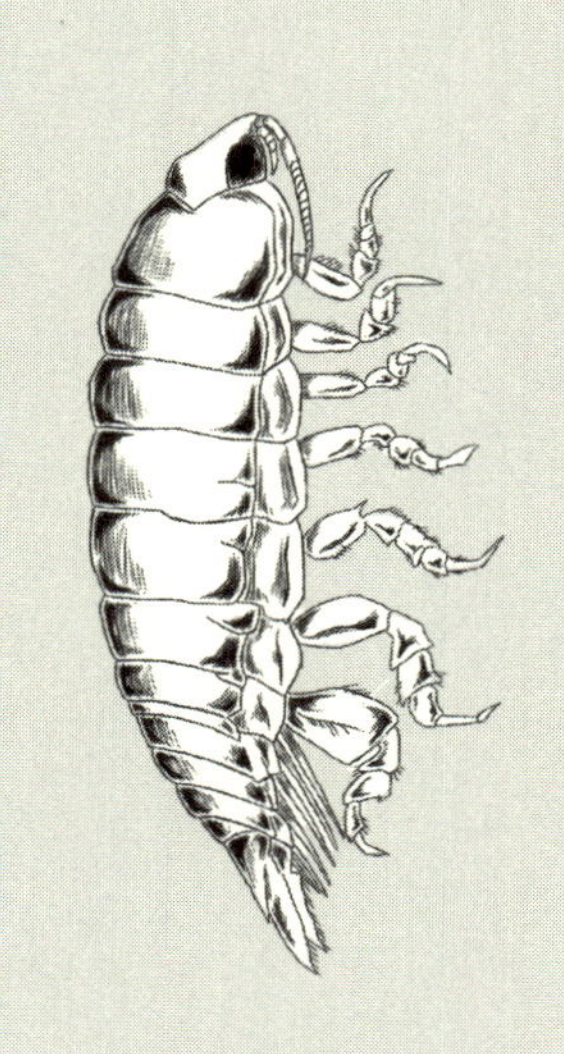

魅力

オオグソクムシと対面しに行く小旅行記から始まった本書だが、読者のみなさんは、当の動物に会ったことがあるだろうか。まだ会ったことのない人は、根強い人気が続いているので、今後どこかの水族館で出会うかもしれない。

この動物を一見すると、多くの人は、シャコという印象をもつ（図17）。水槽の底でじっとしているその姿をしばらく眺めると、体長は一〇センチメートル強ありそうなこと、桃色がかった薄茶色の体は硬そうで、いくつもの節に分かれていること、頑丈そうな脚が何本もあること、頭には鞭のような長い触角とサングラスを思わせる黒く大きな眼があることなどに気付く。

彼らはエビやカニと同じ甲殻類の動物で、日本の海を含む北太平洋の水深一五〇〜一〇〇〇メートルの範囲に生息する。[1] 漁業の観点では害獣、釣りの用語で言えば「外道（げどう）」である。カニ漁で使われるトラップや漁網に紛れ込むと、中の大事な商品を食べてしまうことがあるからだ。[2] 死んだ動物が沈んでくるとその肉を食べる腐肉食動物であり、自然界での位置付けは、「海の掃除屋」である。

最近では謎の深海生物としてすっかりポピュラーになり、水族館で出会う確率が増えたオオグソクムシだが、その理由は同じ動物群に属するダイオウグソクムシ（図18）の人気のおかげだ。ダイオウグソクムシはオオグソクムシの仲間とはいえ、体長が五〇センチメートル近くにまで成長する。私は二〇〇七年の冬に新江ノ島水族館で初めてこの動物を間近で観察した。そのとき、この動物から受けた迫力と異様さは、怖いという感覚だけでなく、「また見たい、できれば飼育して眺めていたい」という気持ちを確かに私の中に引き起こした。

図17　オオグソクムシ背面（数字は個体識別番号。撮影・熱見稜、三石明侍）

図18　ダイオウグソクムシ（上：背面。小さいのがオオグソクムシ。下：腹面。新江ノ島水族館HPより転載。http://www.enosui.com/animalsentry.php?eid=00031）

深海生物といえば、異形、そして大型という印象をもつ人が多いだろう。ダイオウイカ、リュウグウノツカイ、アンコウ、コモリダコ、ミツクリザメ等々。ダイオウグソクムシは、これら深海生物の代表の座にあっと言う間に割け入ったのだ。その堅牢感たっぷりなフォルムは、異形、大型というだけでなく、何と言うか、カッコよさを感じさせる。オオグソクムシもそうだが、正面から見ると、某高級外車のフロントマスクとよく似ていると感じるのは私だけだろうか(図19)。

このカッコよさに加え、深海生物特有のグネグネしたグロテスク感、ベタベタした粘着感がなく、その鎧のような硬い表面ならばむしろ触ってみたい、と思わせる点も、女性や子供の人気を誘う理由であろう。実際、二〇一四年四月に千葉の幕張メッセで開催された「ニコニコ超会議3」というイベントでは、ダイオウグソクムシを観察できるブースが展示され、その姿を見ようと一時間ほどの行列ができたようである。

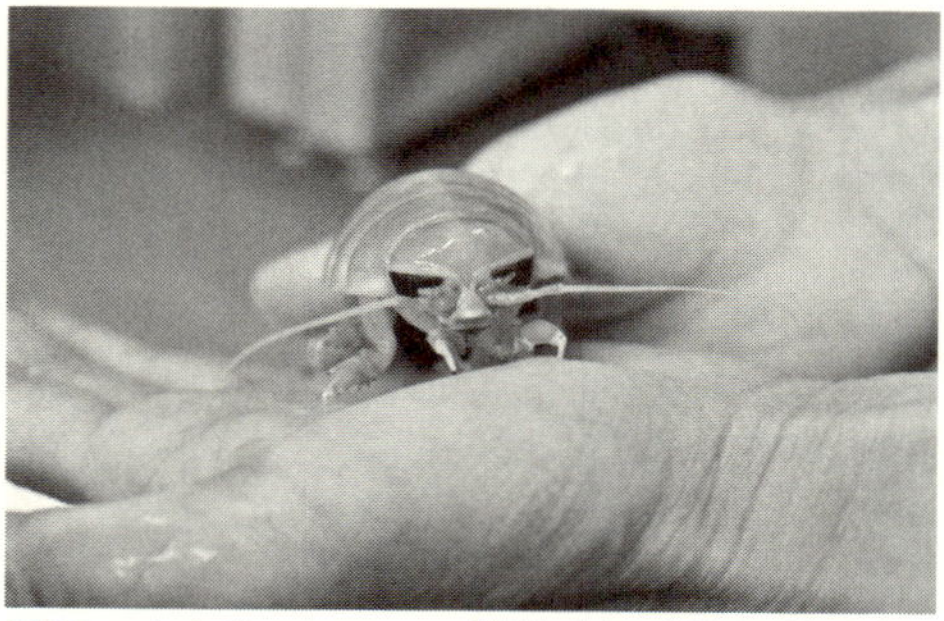

私の研究室へオオグソクムシを見学しに来る男性は、大抵「おお」と言って真顔で眺める。おそらく、カッコいいと思っているのだ。一方、女性や子供は、最初遠まきに見るものの、やがて水槽に顔を近づけ、「なんか、かわいいかも……」とつぶやく場合が多い。こういう「ちょっと

図19　オオグソクムシの「顔」(上：撮影・熱見稜、三石明侍)

気持ち悪いけどかわいいと思う」感覚を「キモカワイイ」と言うらしい。このキモカワイさこそ、彼らの魅力なのだろう。

価値

キモカワ動物、ダイオウグソクムシのグッズは豊富で、筆者が二〇一五年二月にこの動物を常設する鳥羽水族館を訪れたときには、ぬいぐるみ、メモ帳、ストラップ、キーホルダー、バッグ等が土産売り場に溢れていた（図20）。また彼らは、世界的に有名な小説家のミステリー作品の中に、謎を解く重要な鍵として登場する（ネタバレにならないよう、出典はあえて控える）。

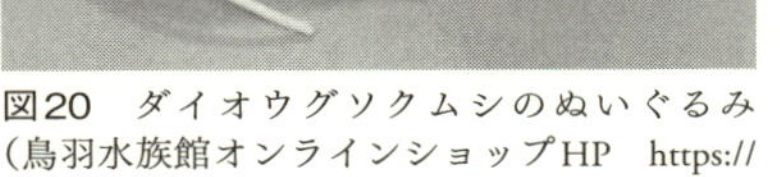

図20　ダイオウグソクムシのぬいぐるみ（鳥羽水族館オンラインショップHP　https://shop.aquarium.co.jp/product/31849/ より転載）

ただし、残念なことに、ダイオウグソクムシは日本近海では捕獲されない。彼らはカリブ海やインド洋に生息しているのだ[3]。

一方、オオグソクムシは日本の海にも暮らす。釣り用語で言うところの外道である彼らは漁師を悩ませ、商業価値がないがゆえ、即座に海へ捨てられているようだ。この点に目をつけ、研究材料として大いに利用されたのが故桑澤清明先生（首都大学東京名誉教授）である。後述の通りオオグソクムシの心臓の神経支配に関する研究論文が、桑澤先生のお弟子さんたちの手によって日本から多数発表されている。オオグソクムシは、日本の学術界へ大きく貢献しているのである。

オオグソクムシは、ダイオウグソクムシの仲間として展示されるうちに、次第に広く知られるようになったようだ。先に紹介したニコニコ超会議3では、オオグソクムシを触われるタッチプールまで展示されていたそうである。

知名度を格段に上げたのは、食べると美味だということを紹介したテレビ番組である。二〇一三年一一月に、『探偵！　ナイトスクープ』という関西の人気番組で、女性が獲れたばかりのオオグソクムシを漁師に素揚げにしてもらって食べている映像を、私は偶然、放送当日に観た。女性とリポーター役の男性タレントは「うまい、うまい」と食していた。私は目を疑い、「食べてみたい」と思うより、これまで「どうせうまくはないだろう」と高を括って食べることに挑戦していなかった自分を恥じた。

以来、この動物を食べるイベントがしばしば催されてきたようで、インターネットでオオグソクムシという語を検索すると、食べる催しの情報が多数引っかかってくる。ちなみに、長兼丸の若大将長谷川一孝氏は粉末にしたオオグソクムシをせんべいに入れることを考案し、製菓店との協力で「オオグソクムシせんべい」を商品化した。長谷川父子は以前から深海魚展示のイベントにひっぱりだこで、オオグソクムシはイベントの目玉の一つだったようだ。前述のテレビ番組以前に、既にオオグソクムシを食べた経験もあるようだ。

焼津市は深海魚、特にオオグソクムシで町おこしを進めているらしく、市のマスコットである「やいちゃん」(特産のカツオがモチーフ)に加え、新しいマスコットとして「オオグソクムシのおじさん」が二〇一五年に加えられた。また、ふるさと納税の返礼品の一つを生きたオオグソクムシ二個体にしたことでも話題になっている。

以上のように、今の日本では、ダイオウグソクムシとオオグソクムシは大変な人気なのだ。おそらく多くの人は、グソクムシという動物群の中に、ダイオウグソクムシとオオグソクムシという動物が含まれる、という印象を持っているだろう(もちろん、そうではない)。以前、私の研究室へ来られたある女性は、「オオグソクムシが成長するとダイオウグソクムシになるんですよね」と聞いてきた。学術的には、両者は異なる種の動物であるが、その人の頭の中では親子なのだ。思いもよらない面白い質問だったので、「オオグソクムシの人工繁殖に成功した人はまだいないんですよね」と、答えのような、そうでないようなことを言ってみた。その人は、「へえ、そうなんですね」と言った。彼女の中では今でも、ダイオウグソクムシはオオグソクムシの親なのだろうか。

分類

種

前節では、オオグソクムシと私たちの最近の関係を概観した。以下では、この動物のことをより深く知るために、学術論文を参考にしながら、少し専門的な話をしていこう。最初に、オオグソクムシとダイオウグソクムシはどのような関係にあるのかを説明したい。

オオグソクムシには、ダイオウグソクムシを含め世界中に多くの仲間がいる。自身を含め、二〇一七年八月現在で確認されているのは、その数全一八種類（巨大種一〇種、超巨大種八種）[3][4][5]であり、それぞれの学名は以下の通りである。なお、巨大、超巨大種という分類は、オーストラリア博物館甲殻類部門の研究者、ローリー（Lowry）とデンプシー（Dempsey）の提案による。[3]

巨大種（Giants：体長一五〇ミリメートルまで）

1. *Bathynomus affinis* Richardson, 1910 Philippines, Arafura Sea
2. *Bathynomus brucei* n. sp. north-eastern Australia
3. *Bathynomus bruscai* n. sp. north-eastern Australia, northern Papua New Guinea
4. *Bathynomus decemspinosus* Shih, 1972 south-western Taiwan
5. *Bathynomus doederleini* Ortmann, 1894 eastern Japan, north-eastern Taiwan, Philippines

6. *Bathynomus immanis* Bruce, 1986 north-eastern Australia, northern Papua New Guinea
7. *Bathynomus kapala* Griffin, 1975 eastern Australia
8. *Bathynomus obtusus* Magalhães & Young, 2003 Brazil
9. *Bathynomus pelor* Bruce, 1986 north-western Australia
10. *Bathynomus maxeyorum* n. sp. Shipley, Brooks & Bruce, 2016 the Bahamas

超巨大種（Supergiants：体長五〇〇ミリメートルまで）

11. *Bathynomus crosnieri* n. sp. Madagascar
12. *Bathynomus giganteus* Milne Edwards, 1879 south-eastern USA to Brazil
13. *Bathynomus keablei* n. sp. India
14. *Bathynomus kensleyi* n. sp. South China Sea, Sulu Sea, Coral Sea
15. *Bathynomus lowryi* Bruce & Bussarawit, 2004 eastern Andaman Sea
16. *Bathynomus miyarei* Lemos de Castro, 1978 Brazil
17. *Bathynomus richeri* n. sp. New Caledonia
18. *Bathynomus jamesi* n. sp., 2017 South China Sea

「学名」とは、生物を分類するときの基本単位である「種」の名前であり、命名法は「国際動物命名規約[6]」で定められている。例えば、オオグソクムシは前記5番の学名 *Bathynomus doederleini* Ortmann, 1894 eastern Japan, north-eastern Taiwan, Philippines の和名である。斜体部が種名、続いて「命名者名、命名年、主な産地」と続けて表記されている。前記2番の n. sp. は新種（*nova species*）を意味する。ただし、種名以外は付記であり、必要に応じてのみ記される。

種名はラテン語の大文字で始まる「属名」と、小文字で始まる「種小名」から構成されている。「属」とは種の上位の分類群である。例えば、人類の場合、私たち現生人類が含まれるヒト（*Homo sapiens*：ホモ・サピエンス）という種は、既に絶滅したネアンデルタール人の含まれる種（*Homo neanderthalensis*：ホモ・ネアンデルターレンシス）や、北京原人、ジャワ原人の含まれる別の種（*Homo erectus*：ホモ・エレクトス）などと共に、「ヒト属（*Homo*）」に含まれる。

オオグソクムシ *Bathynomus doederleini* の場合、「*Bathynomus*」が属名、「*doederleini*」が種小名である。前記一八種は、学名を見るとわかる通り、いずれも「*Bathynomus*」属に属し、主に形態学、生態学的特徴に共通点をもつ。一方、より細かく見ると、それらは相違点をもつため、異なる種に分類され、それぞれに種小名が付されることになる。

前記の他に *Bathynomus propinquus* Richardson, 1910 という種があるが、最近の研究で他種の可能性があると結論付けられ、「疑問種（*nomen dubium*）」として扱われている[3]。また、前記一八種とは異なる種の可能性があるものの、現在のところ新種としては公表されていない *Bathynomus* sp. Gulf of Aden が「未記載種」として報告されている[3]（sp. とは、〜の一種の意味）。

日本では、学名に代わる生物の名称として「標準和名」が使われている。例えば、オオグソクムシ、ダイオウグソクムシがそうである。私たち人間の場合、標準和名はヒトである。ただし標準和名の付け方を規定する規約はない。鳥羽水族館や沼津港深海水族館は、前記17番の *Bathynomus richeri* n. sp. New Caledonia を、産地にちなんで「ニューカレドニアオオグソクムシ」と呼んで展示している（各々、二〇一三年、二〇一七年時点）。一方、千葉県立博物館は、*Bathynomus propinquus* を「コウテイグソクムシ」と呼んで展示していた（二〇一六年）が、前述の通り疑問種であり、14番の *Bathynomus kensleyi* と同じである可能性がある。[3] これらの名称は、今後和文の論文等で使われていくと、標準和名になるのかもしれない。

和名「オオグソクムシ」は、「大具足虫」、すなわち「大型の具足虫」を意味する。「具足」とは鎧（よろい）のことであり、いくつもの硬い節から成る彼らの外観には、確かに鎧を纏（まと）った虫という表現が適当である。

属

オオグソクムシが大きな具足虫なのであれば、同様に、「普通の」具足虫もいる。それは、名前もそのままに、グソクムシ（*Aega dofleini*）である。グソクムシの外観はオオグソクムシとよく似ているが、名前に「大」がつかないだけあってサイズは小さく、体長が四センチメートル程度である。ただし、グソクムシはオオグソクムシとは異なる分類群に属する。

グソクムシの仲間には、両方の複眼が繋がってワンレンズタイプのサングラスのようになっている「メナガグソクムシ（*Aega antillensis*）」（図21）や、複眼が昆虫のブユ（あるいは、ブヨ、ブト）のような「ブユノメグソクムシ（*Aega monophthalma*）」（図22）もいる。これらの動物は、鎌のような三対の胸脚を、宿主とする魚の表皮にくいこませてしがみ付き、吸引性の口器で体液を吸う寄生動物である。ただし恒常的に寄生するのではなく、満腹になると宿主から離れる。

オオグソクムシ、グソクムシと名前は似ているが、実は異なる動物群に属する「オナシグソクムシ」という動物がいる。この仲間は捕獲例の少ない希少な動物である。この動物については次のような興味深い報告がある。(7)

オナシグソクムシは深海に生息し、日本近海では、水深五〇〇～七〇〇メートルの水域から曳網（ひきあみ）による捕獲例（タイヘイヨウオナシグソクムシ *Anuropus pacificus* とトゲトゲオナシグソクムシ *Anuropus bathypelagicus*）がある。一方、世界における多くのオナシグソクムシの標本は、海鳥の胃の中から得られていた。しかもそのほとんどは雄で、反対に雌の多くは深海域から採集された。どうやらオナシグソクムシ、特にその雄は、深海と浅海の領域を行き来しているようなのだ。

この、浅海と深海を行き来する「鉛直移動」といわれる習性を裏付けるかのように、この動物が浅海に生息するクラゲへ寄生することを示す報告がある。(8) 鉛直移動は多くの魚、特に仔魚（卵から生まれたばかりの魚で、背びれや尾びれの区別がない段階。区別がはっきりする段階が「稚魚」）で見られる。なぜなら、多くの仔魚は植物性プランクトンを餌とし、そして、植物性プランクトンは、昼には光合成のために浅い海域へ、夜には窒素やリンなどの栄養塩の多い深い海域へと移動するからである。

オナシグソクムシやオオグソクムシのような、海底を主な生活の場とする底生生物が鉛直移動するという確たる証拠はまだ得られていない。オナシグソクムシがこの習性をもつことが確かになれば、「海底でじっとしている」という底生生物への偏った見方が変わるだろう。

図21　メナガグソクムシ（上：頭部。下：背面。東京都島しょ農林水産総合センターHP　http://www.ifarc.metro.tokyo.jp/27,15189,55,228.html より転載）

図22　ブユノメグソクムシ（鳥羽水族館HP　http://diary.aquarium.co.jp/archives/19018 より転載）

オオグソクムシに近い仲間を紹介するうちに、多くの学名が出てきた。本書では、化石の*Bathynomus*属を報告するいくつかの論文[9]、および、中山書店から出版されている分類学の教科書的書籍『動物系統分類学[10]』に倣い、「*Bathynomus*属」を「オオグソクムシ属」と表現する。また、種名において、属名*Bathynomus*を簡略化し、例えば*Bathynomus giganteus*を*B. giganteus*のように表記する場合もある。

科

オオグソクムシ属、すなわち前記の一八種は、節足動物門－甲殻亜門－軟甲綱－等脚目－スナホリムシ科に含まれる。ちなみに、私たちヒト属は、脊索動物門－脊椎動物亜門－哺乳綱－霊長目－ヒト科に含まれる。前述のグソクムシの仲間は、オオグソクムシと同じ等脚目でも、グソクムシ科に属する。また、オナシグソクムシの仲間はオナシグソクムシ科に属する。これらの属する等脚目には、オカダンゴムシ科、ワラジムシ科、フナムシ科等も含まれる。この意味で、オオグソクムシは「ダンゴムシの親戚」、あるいは「巨大なダンゴムシ」などと言われるのだ。

ところで、等脚目は生息範囲が非常に広いことで有名である。オオグソクムシは水深数百メートルの深海、ダンゴムシは平地、ヒメフナムシの一種は標高一〇〇〇メートルの山地、ミズムシは淡水に生息する（同じく淡水に棲む水生昆虫の方のミズムシは、標準和名が同じであるだけで、等脚目ではない)。また、前述のグソクムシのように他の生物へ寄生するという方法で生息する仲間もいる。ヤドリムシと言われる仲間はカニやエビなど甲殻類の内部に寄生する。この仲間の形態はとても甲殻類のそれとは思えず興味深い(図23)。

等脚目は甲殻亜門に含まれることが示すように、オオグソクムシもダンゴムシも、カニやエビの仲間、「甲殻類」である。どおりでオオグソクムシはシャコのように見える訳だ。そして、食せば意外にもうまい訳である。

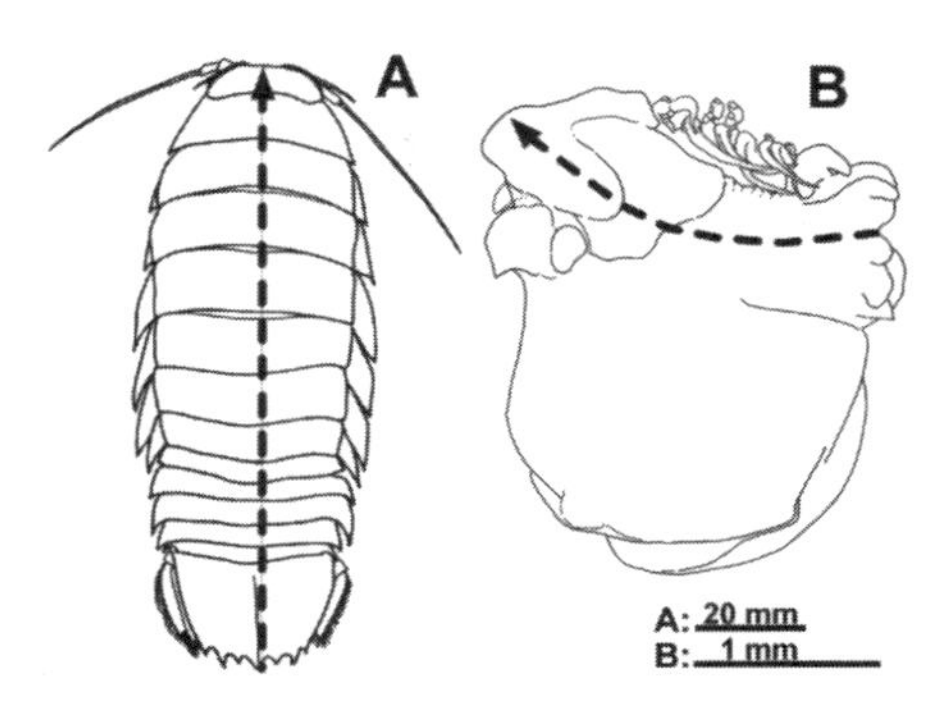

図23　オオグソクムシ(A)とヤドリムシの一種(B)(破線矢印は体正中線(体軸)。齋藤暢宏. Cancer 25, 143–148, 2016より転載)

硬い甲羅を外骨格としてもつ甲殻類は、同じく外骨格をもつ昆虫と共に「節足動物」である。節足動物門は、オオグソクムシが含まれる「甲殻亜門」、昆虫が含まれる「六脚亜門」、クモが含まれる「鋏角(きょうかく)亜門」、ヤスデが含まれる「多足亜門」から成る。

オオグソクムシ、昆虫、クモ、ヤスデ。節足動物の彼らはいずれも体が節くれだってウネウネとうねり、たくさんの足でゴソゴソと動き回る。これらは総じて「虫」と呼ばれ、多くの人から忌み嫌われる。私の祖母は、昆虫全般とクモ、ヤスデなどは苦手で、どれが現れても「虫が出た」と言っていた。彼女は、ミミズも虫と呼んでいた気がする。英語にも、虫とほぼ同様の意味を持つ言葉「bug」がある。例えば、ダンゴムシは「pill bug（pillは丸薬）」と呼ばれている。

それでも、ダンゴムシは小さい子供たちの人気者、オオグソクムシはキモカワ生物の代表格となった。キモカワのような、目をそむけたいけれど見たい、手を引っ込めたいけど触れてみたいという、矛盾する感覚がせめぎ合う葛藤感は、時代を超え、多くの人にとってたまらないもののようで、どうやら、ほどよい依存性があるようだ。

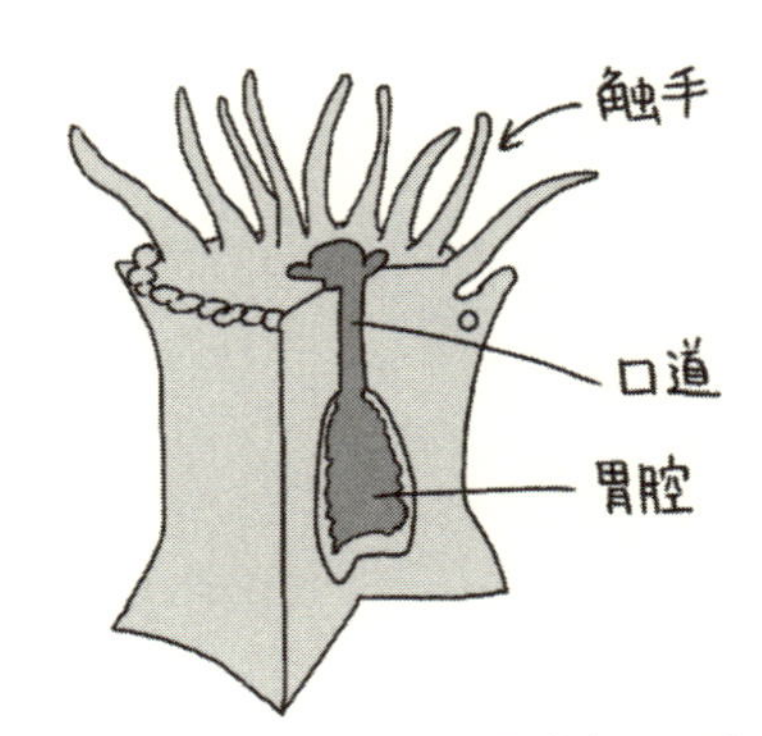

図24 イソギンチャクの口道（口）と胃腔（消化管）

門

前節で述べた通り、オオグソクムシは、広い分類では節足動物門に含まれる。節足動物の体の基本構造は、（一）体の表面の外皮細胞が分泌するキチンという物質（ムコ多糖類）が、硬いクチクラ層を作り、体を支える外骨格を形成すること、（二）左右相称で体節から構成されていること、である。[10]

ところで、左右相称と簡単に言ってしまったが、それが意味するところは、体を左右に分ける基準線があるということである。では、その線とは何であろうか。咄嗟に聞かれると、すぐには答えられないものである。正解は、「口と肛門を結ぶ正中線」である。

　口と肛門を持つことは動物の基本中の基本と思われるかもしれないが、持たない動物もいる。天然スポンジの材料となるカイメンの仲間（海綿動物）と、クラゲやイソギンチャクの仲間（刺胞動物）である。カイメンが水分をよく吸うのは、体に無数の穴があいているからである。一度岩にはりつくと、あとは自分では移動しない彼らは、穴を通る海水中の栄養分を濾しとって生きている。クラゲやイソギンチャクは口と肛門を備えるが、それらは同じ穴であり、体を一本の管が貫くわけではない（図24）。これらの動物には軸がないのだから、左右相称性がないということになる。

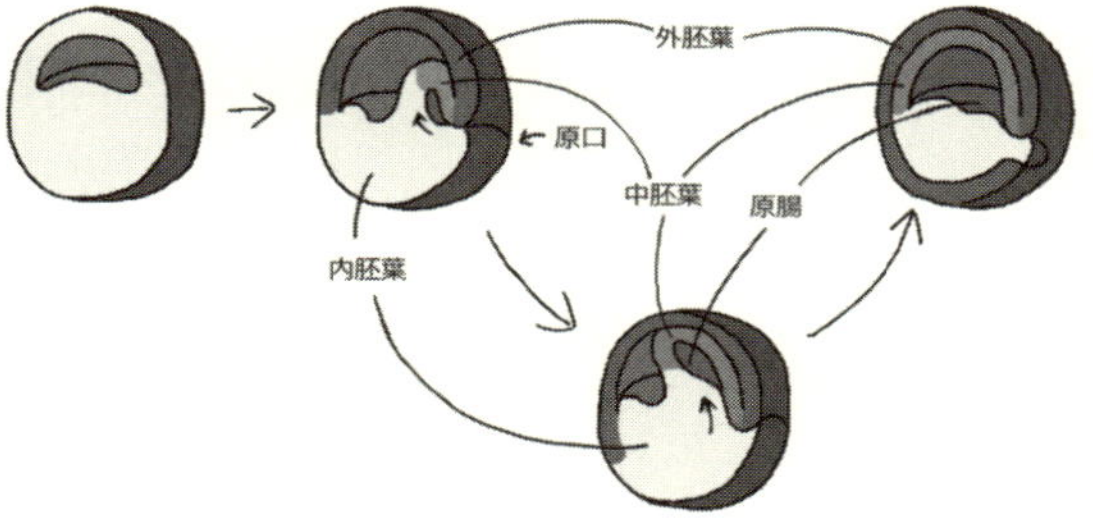

図25　カエルの発生の一部。胞胚（左）の一部に原口が生じ、外側の細胞が内部へ陥入していく（中）。陥入が進むと外胚葉、中胚葉、内胚葉、原腸が明確になる（右）。

　では、口と肛門とは何であろうか。節足動物では、受精卵が細胞分裂（卵割）を繰り返し、内側に空洞をもつ包胚となった後、その一部が内側へ陥入し、それが消化管の原基である原腸となる（図25）。節足動物では、この陥入口（原口）が後に口となり、口と反対側に開く穴が後に肛門となる。このような動物を「前口動物」という。タコやイカを含む軟体動物、ミミズを含む環形動物などが同じく前口動物である。

　一方、私たちヒトでは、原口が肛門になり、後から反対側に開く穴が口となる。このような動物は、「後口動物」と呼ばれる。脊椎動物と、ホヤやナメクジウオを含む脊索動物、ウニやヒトデを含む棘皮（きょくひ）動物などが同じく後口動物である。一口に口と肛門と言っても、そのでき方は多様なのだ。

その口と肛門を結ぶ軸に垂直な横断面で、節足動物の体は細かく区切られている。すなわち、一般に節と言われる「体節」に分かれている。

体節は「背板」と「腹板」から成り、その連結部に「側板」がある（図26）。各体節には通常、節のある付属肢（一般的に言う「脚」）が一対備わるが、付属肢のない体節もある。例えば、昆虫の腹部には付属肢はない。

節足動物とは、このように、体節と付属肢が繰り返される動物、という意味なのだ。その数は各動物群によって異なり、最少で八、最多で約一八〇である。

ところで、私たちは、小学校の理科の時間に、「昆虫の体は頭部、胸部、腹部の三つの部位に分かれている」と教わったはずである。これは、節足動物の体節の最小数は八であるという前述の内容と一致しない。

なぜだろう。

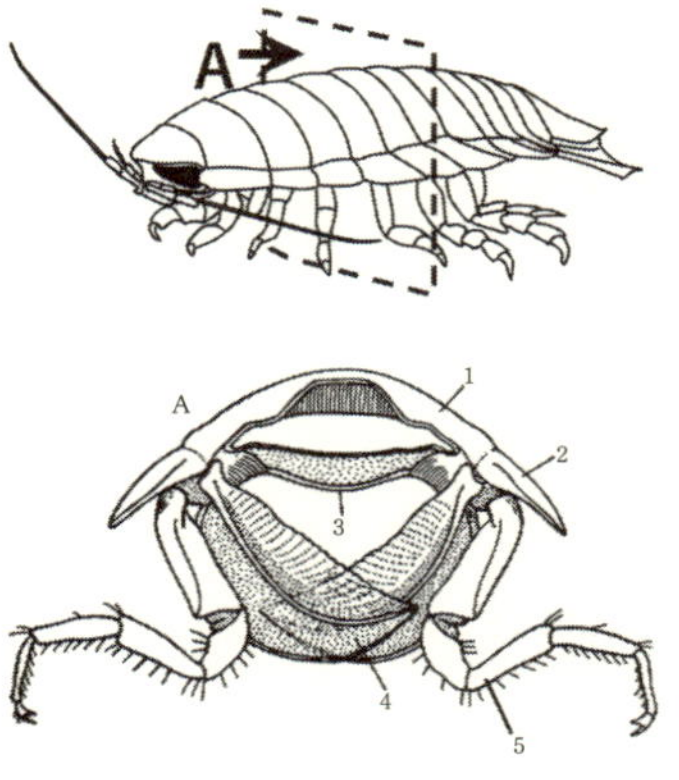

図26　体節の断面図（1. 背板、2. 側板、3. 腹板、4. 等脚目に特徴的な覆卵葉（後述）、5. 付属肢。断面図は参考資料（10）より転載）

節足動物では、いくつもの体節が連なる体の中で、口のある側の先端が頭部である。その頭部は一つの体節のように見えるが、実は最も先端にある「先節」と付属肢を備える少なくとも六つの体節が融合した「合体節」なのだ。

この頭部と同様、他の体節も、動物群によって多様に融合する。昆虫類では、通常、胸部は三つ、腹部は約一一の体節が融合してできている。彼らの体は確かに頭部、胸部、腹部の三つの部位から成るが、それは体節の数ではなく、頭部は六、胸部は三、腹部は約一一の体節がそれぞれ融合することによって形成された合体節なのである（図27）。

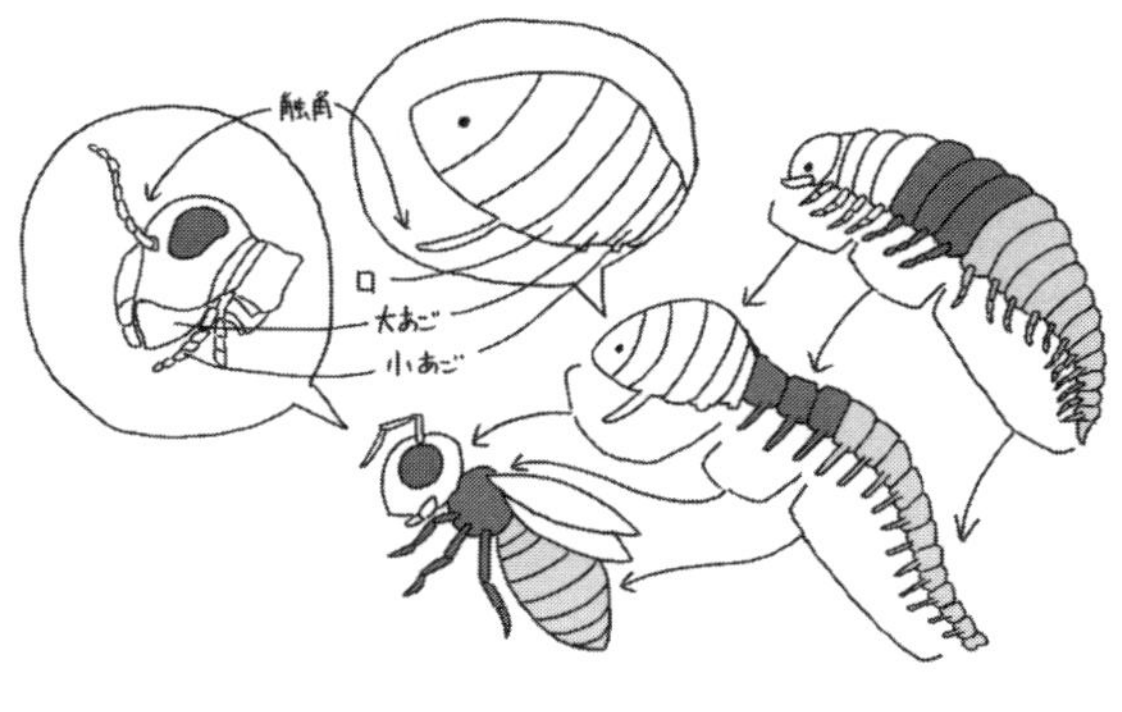

図27　昆虫の体制。昆虫の祖先の体は多くの体節から成っていたが、進化の過程で、前方の6節は触角や大顎、小顎等に変化して頭部に、中間の3節は胸部に、そして残りの11節は附属肢が退化した腹部になったと考えられている。

ヤスデの含まれる倍脚類では、各節から二対の脚が出ているが、それは見かけ上のことであり、胴部の各節は、体節が二つ融合している合体節である。ゆえに、各節には脚が二対あるのだ。

その外側

ここまで、オオグソクムシの分類学上の立ち位置を知るために、彼らの近縁の仲間、そして遠縁の動物たちも紹介してきた。続いては、オオグソクムシ属に的を絞り、そのフォルムの魅力を詳しく見ていこう（図28）。

頭

まず、オオグソクムシの頭部を眺めよう。

前節で述べた通り、節足動物では一つに見える頭部は少なくとも六つの節から成る合体節である。これらの節は、単に融合するだけなのではなく、それぞれが、特定の器官になる。オオグソクムシの場合、先節と六つの節から成る七節で、先節は、上唇（じょうしん）と頭盾（とうじゅん）となって口を覆っている（図29）。第一節は触角前節となり、背側に視器である複眼を備える。

黒く大きな複眼は印象的で、正面から見るとサングラスのように見える。側方から見ると頭部先端側を一つの頂点とする二等辺三角形状だ（図30）。

この印象的な複眼は、上方からは、ほとんど見えない。先に紹介したメナガグソクムシやブユノメグソクムシの大きな複眼は、むしろ頭部上面に付いているので、上方から確認できる。

複眼は小さな個眼の集まりだが、オオグソクムシにおけるその数は不明である。超巨大種に属

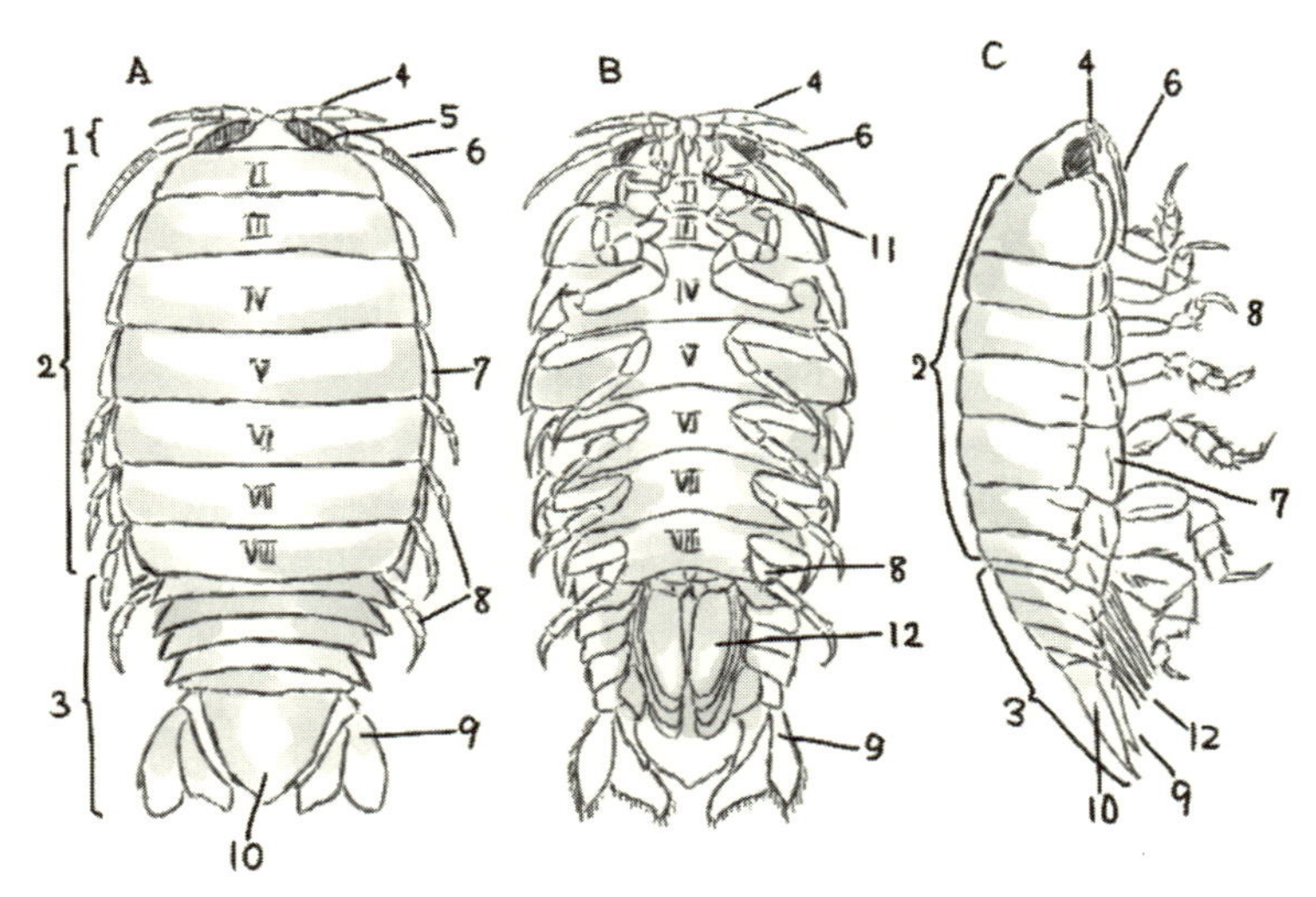

図28　等脚目の外部形態（参考資料（10）を参照した。A:背面　B:腹面　C:側面　1.頭胸部　2.胸部　3.腹部　4.第1触角　5.複眼　6.第2触角　7.基板　8.胸脚　9.尾肢　10.腹尾節　11.顎脚　12.腹肢　II〜VIII：胸節番号）

するダイオウグソクムシの個眼数は約三五〇〇なので[11]、オオグソクムシのそれも数千はあると推測される。

この大きな眼で深海中の何を捉えようとしているのか。深海クラゲのような発光生物の放つ生物発光を捉えるため、あるいは、極々わずかに届く太陽光を感じるためなのか。答えはまだ見つかっていない。

続いて、第二、第三節は、それぞれ第一、第二触角となる。成体の第一触角の長さはせいぜい一センチメートル程度だが、第二触角は六〜七センチメートルほどで、体長の半分ほどもある。また、多節で鞭のようにしなる。

同じ等脚類のダンゴムシにも二対の触角があるが、第一触角は小さすぎるため、実体顕微鏡や虫眼鏡を使わないと確認できない。ダンゴムシでは、第一触角は化学物質、すなわち「嗅覚」を、第二触角は機械刺激、すなわち「触覚」を司る。オオグソクムシの両触角も、ダンゴムシの触角と同じ機能をもつと推測される。

昆虫類、そしてムカデやヤスデの含まれる多足類では、第二節の付属肢は触角になるが、第三節のものは退化している。クモやサソリの含まれる鋏角類では、第二節の付属肢は退化し、第三節がよく目立つはさみ状の口器、「鋏角」となる。同じ「虫」でも、オオグソクムシやダンゴムシの触角は二対、ハエやムカデのものは一対、そしてクモのものはゼロ対なのである。

最後に、オオグソクムシの頭部第四節は「大顎（おおあご）」、第五、第六節はそれぞれ第一、第二「小顎（こあご）」となる。この合体節の頭部は、胸部を構成する八つの胸節のうち、最も頭部に近い第一胸節と融合して「頭胸部」を形成している。そのため、第一胸節は見えなくなる。一方、元々備っている第一胸肢は、よく目立つ「顎脚（がっきゃく）」となり、大顎、第一、第二小顎とともに

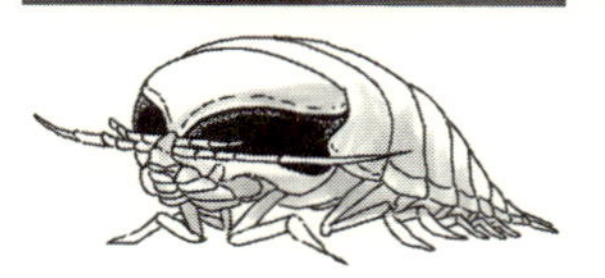

図30　複眼（撮影・熱見稜、三石明侍）

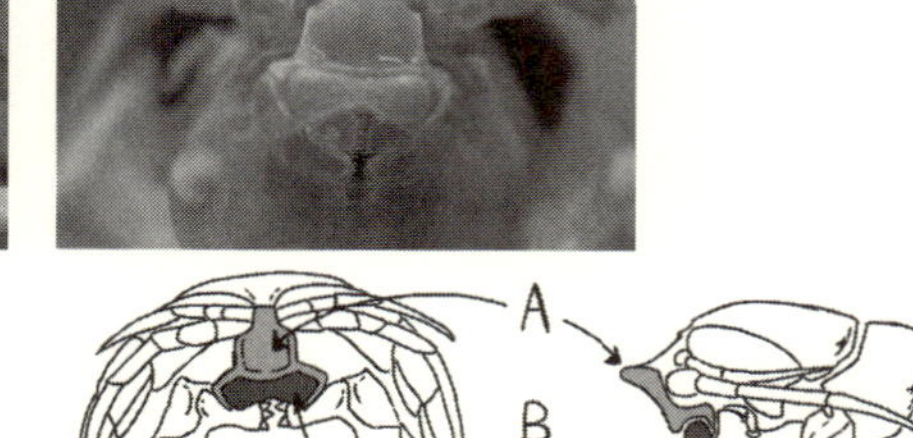

図29　頭盾 (A) と上唇 (B)（撮影・熱見稜、三石明侍）

摂餌のための口器を形成している（図31）。このオオグソクムシの口器に指をはさまれると、すなわち、オオグソクムシに噛まれると、肉をちぎられることはないが、皮膚は傷ついて出血するのでそれなりに痛い（図32）。

口器の動きを眺めると、ああこれなら痛いはずだとわかる。顎脚は他の口器全体を覆い（図31）、自動式の門のように盛んに左右に開閉を繰り返す。そして、その隙間から黒光りする鋭い鋸状の歯列を備える大顎が、同様にメカニカルに左右に開閉するのが見える。歯列はしっかりと

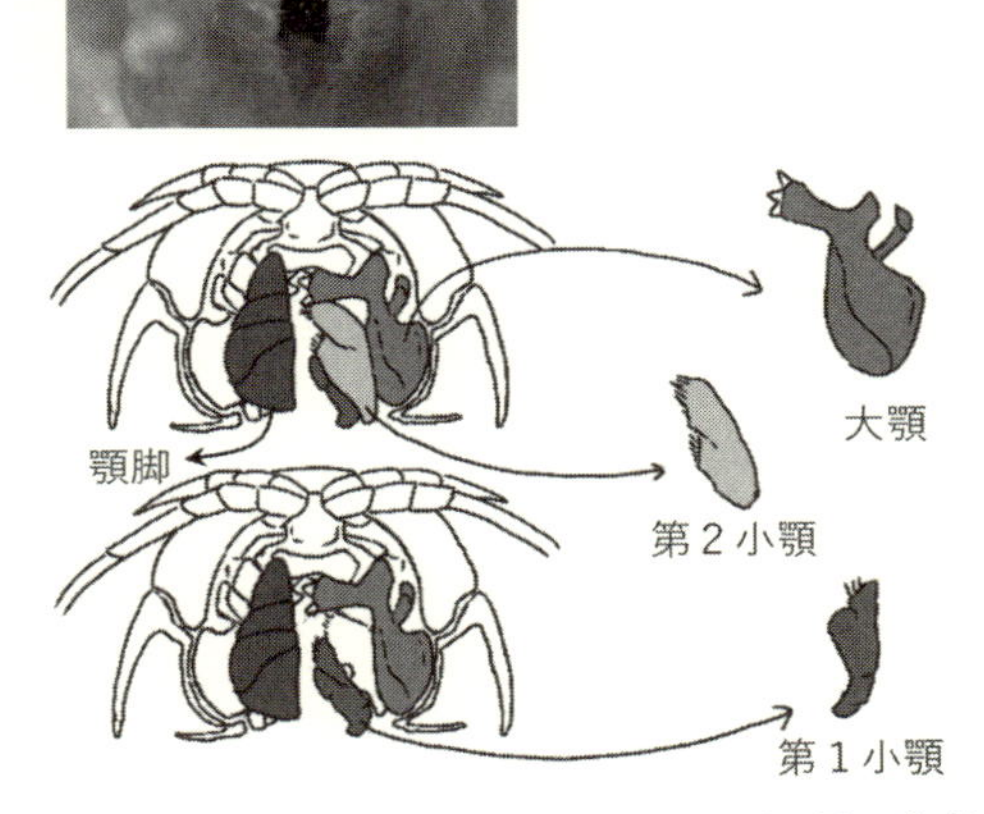

図31　開いている顎脚と奥にのぞく大顎の黒い歯列（撮影・熱見稜、三石明侍）。イラストは各部位の配置。

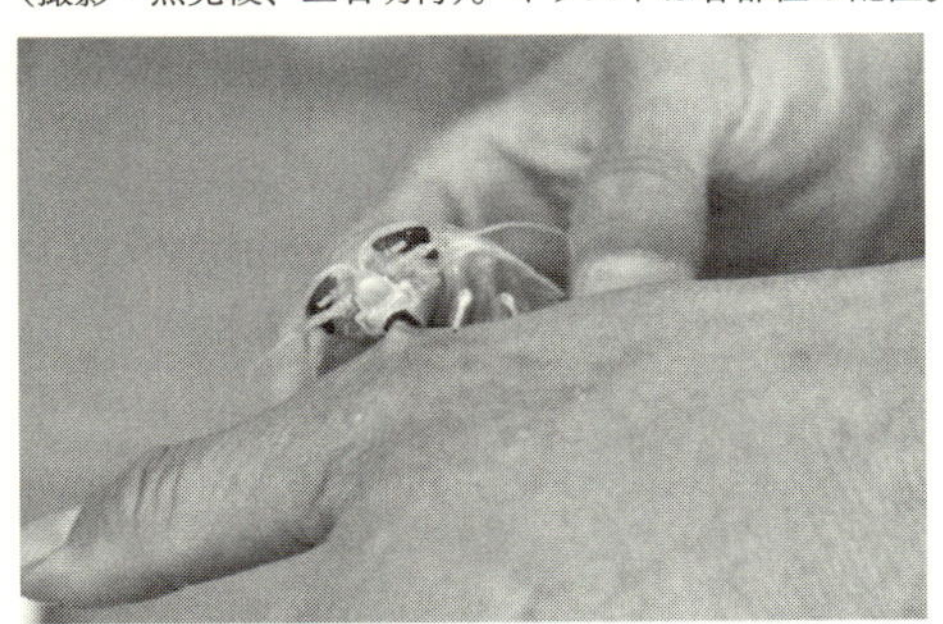

図32　筆者の手を噛む様子（注意：真似は厳禁。筆者は別個体に数分間噛み続けられ激しく出血し完治に1か月を要した。撮影・熱見稜、三石明侍）

咬み合うため獲物の肉に深く食い込むのだ。小顎は薄い葉状で、大顎で噛み切られた食物を食道へ導くように動く。

第二小顎の付け根には「小顎腺」が開口していて、ここから体内でタンパク質を代謝する際に生じる不要な窒素化合物であるアンモニアが排出される。同じ甲殻類でも、カニやエビの仲間は、第二触角の基部に開口する「触角腺」からアンモニアを排出する。例えば、馴染み深いザリガニを掴み、腹側から頭部を観察すると、第二触角の付け根に一対の乳頭状の触角腺開口がよく見える。昆虫では、窒素化合物である「尿酸」が、マルピーギ管から腸に運ばれ、糞と一緒に排出される。鳥類も、同様に、尿酸を糞といっしょに排出する。鳥の排泄物の白い部分が尿酸、緑っぽい色のついている部分が糞である。これらの窒素化合物の排出物は、人間の尿に相当すると言ってよい。

人間の場合、尿は窒素化合物である尿素とその他の老廃物、そして多くの水からできている。人間の尿素は体内のタンパク質代謝で発生する有害なアンモニアが肝臓で無毒化されたものである。甲殻類では、アンモニアはそのまま血液に相当する「血リンパ」に溶けて運ばれ、鰓(えら)などの呼吸器官そして小顎腺、触角腺といった器官から気体として自然に空気中や水中へ排出される。このようなアンモニア排出方法は水生動物では普通に見られ、魚類でも同様である。

さて、同じ「虫」仲間の昆虫、多足類でも頭部の第四節の付属肢は大顎、第五、第六節の付属肢は第一、第二小顎となるが、クモなどの鋏角類ではそれぞれ「触肢(しょくし)」、第一、第二歩脚となる。

聞き慣れない触肢は、クモでは口器である鋏脚の脇にある。鋏脚より長いため、クモの歩脚は四対と知っていても、五対あるように見えてしまう。

触肢は感覚器官であるとともに、口器の一部として餌を保持する働きもする。また、最大の特徴は、成熟した雄では複雑な構造をした「移精器官」という交尾器官へと変化することである。雄は触肢を使って雌の生殖器官へ精子を渡すのである。

図33　頭胸部から見た胸部（最先端の頭胸部に続く、7つの体節。撮影・熱見稜、三石明侍）

胸

続いてオオグソクムシの胸部を見てみよう。

オオグソクムシを含む等脚目の動物では、胸部は八つの胸節から成るが、前述の通り、第一胸節は頭部と融合して「頭胸部」を形成する。そのため、胸部には残りの七つの体節しか見えない（図33）。その頭胸部から伸びた殻がすべての胸節と癒着し、大きな殻となったものが、カニやエビに見られる「背甲」、いわゆる甲羅である。オオグソクムシが甲殻類でありながらもカニやエビとは少し違って見えるのは、この背甲が形成されないからである。

オオグソクムシの胸部の各胸節には一対の胸肢が備わるため、

合計七対一四本の脚が見られる。ただし生まれたばかりの幼生では最も腹側の脚がないため、六対一二本しか見えない。最後の一対は最初の脱皮の後に現われる。

胸部は第二から第八胸節から成るため、脚は「第二から第八胸肢」と呼ばれるべきだが、通常、「第一から第七胸脚」と呼ばれる。本書でも、以下、このように記載する。

甲殻類の脚は基本的に二叉型(にさ)で、体の正中線に対し内側の「内肢」と外側の「外肢」から成る(図34)。二叉の脚は他の動物群には見られない甲殻類特有の構造である。等脚目の胸脚はすべて外肢を欠いて、内肢のみで構成される「単叉筒状」である。いずれも、底節、座節、長節、腕節、前節、指節の六節から成る(図34)。

オオグソクムシの胸脚では、前方の三脚は最も先端の指節が鎌状で、ものを引っかける構造であり、後方の四脚は前側のものと異なり真っすぐである。どの脚も体側に対して垂直に外側へ伸びるのではなく、前方三脚は斜め前方へ、後方四脚は斜め後方へ伸びている。このような胸脚の構造と配置は、前方の脚で獲物をしっかりと掴みながら後方の脚で移動したり、後方の脚で踏ん張りながら前方の脚で水底の砂泥を掘ったりするのに役に立つ。

同じ等脚目でも、例えばウオノエ科のタイノエのような寄生性の動物では、胸脚の指節はすべて鎌状で、これによって個体は宿主へしっかりと掴まることができる。寄生性の動物では、口器もオオグソクムシとは大きく異なり、宿主の体液を吸うのに適した形状になっている。

オオグソクムシ成体の胸部には、雌雄の特徴を示す生殖器官がある。雄の場合、体内の精巣から精子を体外へ送るために伸びる「輸精管」が、第八胸節、すなわち胸部の最も後方の体節の腹側に生殖突起として開口する。雌の場合、体内の卵巣から卵子を体外へ送るために伸びる「輸卵管」が、第五胸脚底節の真下に生殖口として開口する。ただし、私はこの生殖口をまだ確認したことはない。一方、雄の生殖突起は、発達さえしていれば、容易に確認できる。雌では、交尾後の脱皮によって、第一から第五胸脚の基部付近の腹板から「覆卵葉」が現れる（図35）。覆卵葉はその名の通り葉が重なり合ったような器官で、これと腹板との間にできる「育房」内へ卵が輸卵管を通って産み落とされ、やがてこの中で孵化が起きる。

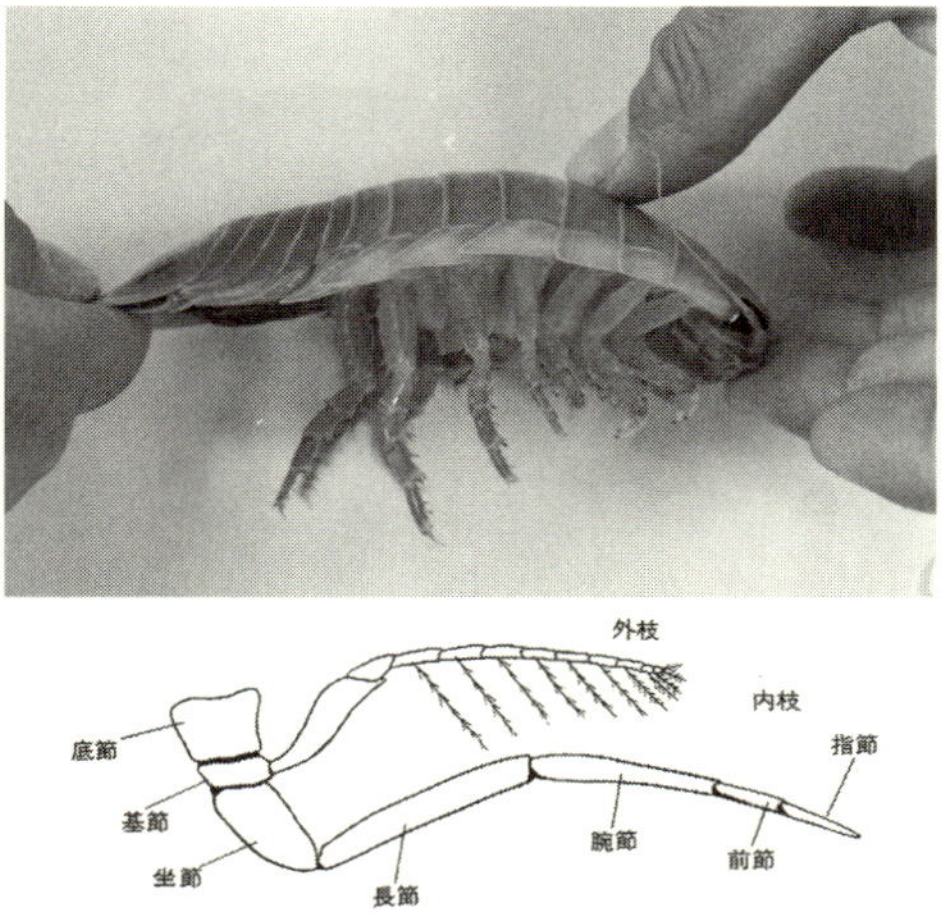

図34　胸脚（上。撮影・熱見稜、三石明侍）と二叉型付属肢の例（下。K.U. クラーク著, 北村實彬・高藤晃雄共訳. 節足動物の生物学, 培風館, 1979 より転載）。オオグソクムシやダンゴムシの胸脚は内肢のみで外肢はない。また基節はない。

　ムシの類の繁殖といえば、卵から小さな幼生がうじゃうじゃと出てくる様子を想像される方が多いと思うが、オオグソクムシを含む等脚目の動物では、覆卵葉の中で孵化した幼生が、それを破ってぞくぞくと外へ出てくるのである。だから覆卵葉のことを知らなければ、幼生が親の体を破って出てくるように見えてしまう。この様子は、ダンゴムシでもフナムシでも観察される。初めて見る人は、「うわっ。ダンゴムシから寄生虫が出てきた」と驚きの声をあげたりすることもある。

腹

次に腹部を眺めよう。

胸部の後ろからより幅の狭い体節が五枚続いて腹部を形成する。実は六枚目の腹節があるのだが、腹部に続く尾節と融合して「腹尾節」を形成する。腹部の腹側には腹肢が各節に一対、計五対ある。ただし肢と言っても胸脚のような歩行用の脚ではないため、一般的に想像されるようないわゆる棒状ではない。

　腹肢は薄く扁平で楕円形に近い（図36）。個体を水槽から外へ出すと橙に近い茶色の腹肢が重なっているのが見える。しばらく

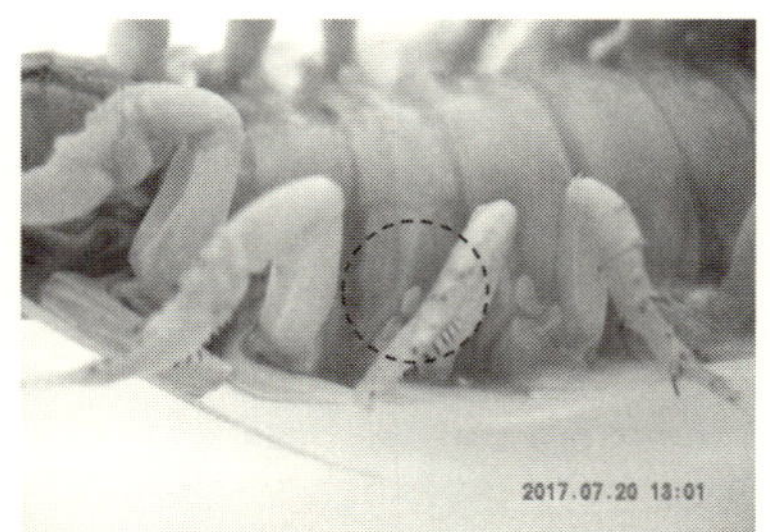

図35　未発達な覆卵葉（標本）（上：破線円の中央）と発達した覆卵葉（生体）（下。撮影・熱見稜、三石明侍）

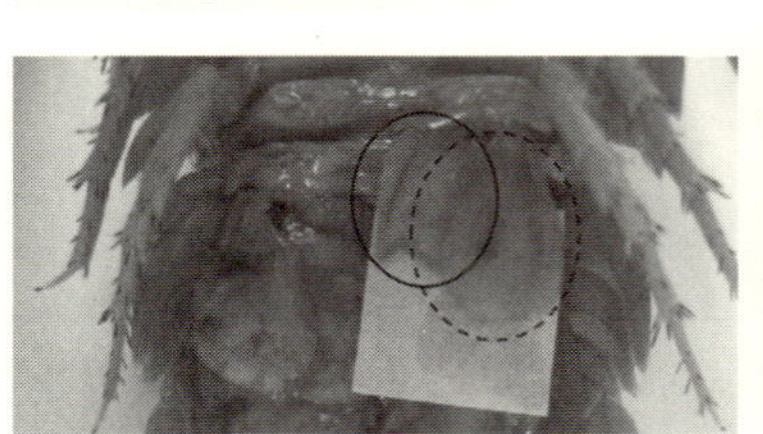

図36　腹肢（生体）（上。撮影・熱見稜、三石明侍）。第1腹肢内肢（実線楕円内）と外肢（破線楕円内）（標本）（下）

すると、腹肢は団扇のようにリズミカルに動きだす。動きはかなり激しいのでビタビタと音がする。その状態で個体を水中へ戻すと、この動きを使って水中を泳ぐ。泳ぐときは多くの場合、腹部を海水面に向ける（図37）。このように、腹肢は「遊泳肢」なのである。

また、腹肢は基部に房状の鰓（えら）を備えるため、呼吸の役割も果たす。個体が水中で正立して静止しているとき、突然腹肢を激しく動かすことがしばしばある。この運動によって腹肢の間の水を交換させ、酸素を多く含んだ周囲の海水を鰓へ運び、呼吸量を上げていると推測される。この腹肢は、個体が胸脚で海底の砂泥を掘るときにも協調的に動き、掘りカスを体の後方へ巻き上げる（図38）。この作用により、穴が掘りカスによって塞がれることがなくなるのだ。

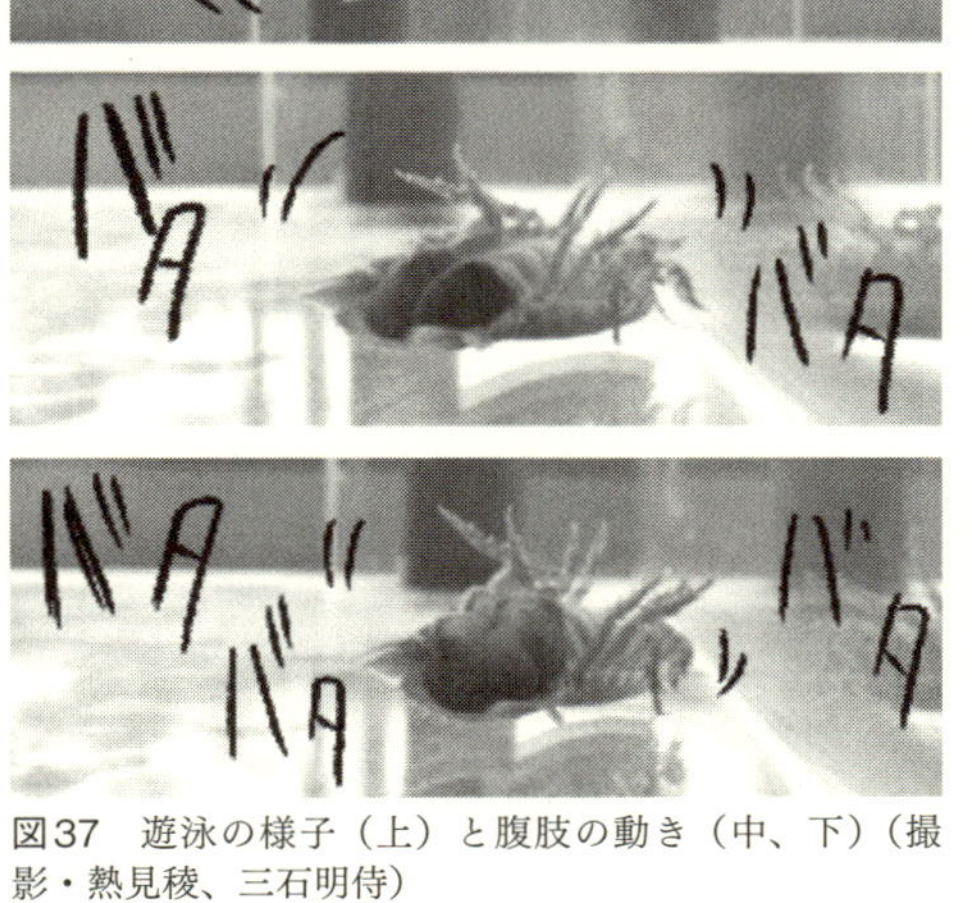

図37　遊泳の様子（上）と腹肢の動き（中、下）（撮影・熱見稜、三石明侍）

腹肢は胸脚と違い、それぞれが二叉のままで、内肢と外肢から成り、前述のように呼吸と遊泳運動の役割を果たす。成熟した雄の場合、第二腹肢内肢の内縁は細長くなり「交尾補助器」となる。オオグソクムシの雌雄判別には、よく目立つ「交尾補助器と生殖突起の有無」が使われる。陸生等脚目のダンゴムシの仲間（ワラジムシ亜目）では、第一および第二腹肢内肢が交尾補助器であり、その使用法も知られている（後述）。また、これら補助器の間に、生殖突起が合一したペニスがある。一方、オオグソクムシでは、この交尾補助器がどのように使われるかを明らかにした研究報告はまだない。

　体の最後尾にある腹尾節は大きな板状でよく目立つ（図39）。中央部には正中線に沿って盛り上がった細い筋があり、後縁には七本の突起がノコギリの歯のように並んでいる。この突起の数は種によって異なり、後述の通り、種分類のための特徴として使われる。

　腹尾節の両脇には内外肢を備える「尾肢」が一対ある（図39）。遊泳時には大きく広げられる様子が見られることから、体全体のバランスを取るために使われていると推測できる。尾肢の形状は種によって異なり、種分類のために使われる。尾節と第六腹節融合部付近の腹側に肛門が開く（図40）。

図38　底質を掘る様子（仲川麻子著『飼育少女』第9巻（講談社）より転載）

以上の通り、各体節はそれぞれ構造が異なる。節足動物に見られるこのような体節構造を「異規的体節」と呼ぶ。そうでない動物、例えば環形動物のミミズやゴカイの仲間では、同様の構造の節が繰り返される。このような体節構造は「同規的体節」と呼ばれる。

特徴

オオグソクムシ属に共通する外部形態を学んだので、次はこの属に含まれる種の間での形態の違いを眺めてみよう。ただし、オオグソクムシ属の体の形態学的多様性は比較的小さいため、種を同定する手がかりとなる特徴を決定するのは容易ではないようだ。以下では、前出のオースト

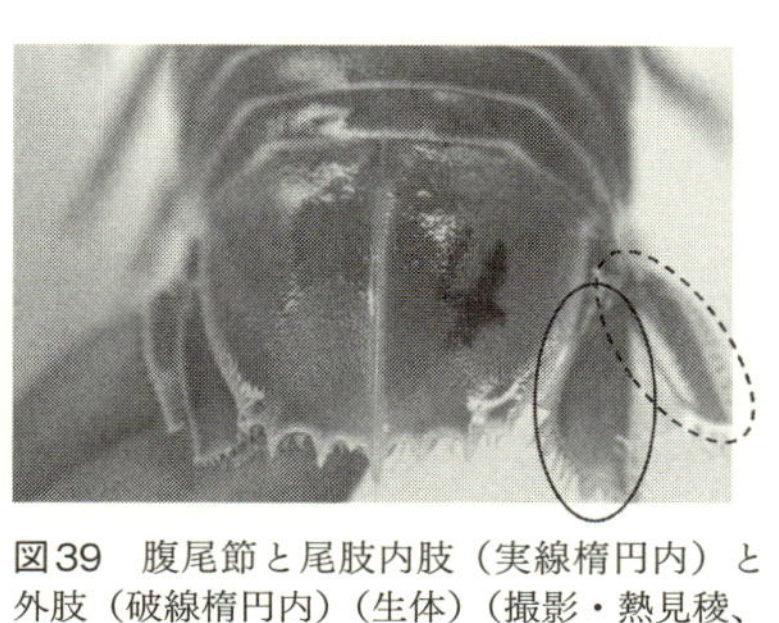

図39　腹尾節と尾肢内肢（実線楕円内）と外肢（破線楕円内）（生体）（撮影・熱見稜、三石明侍）

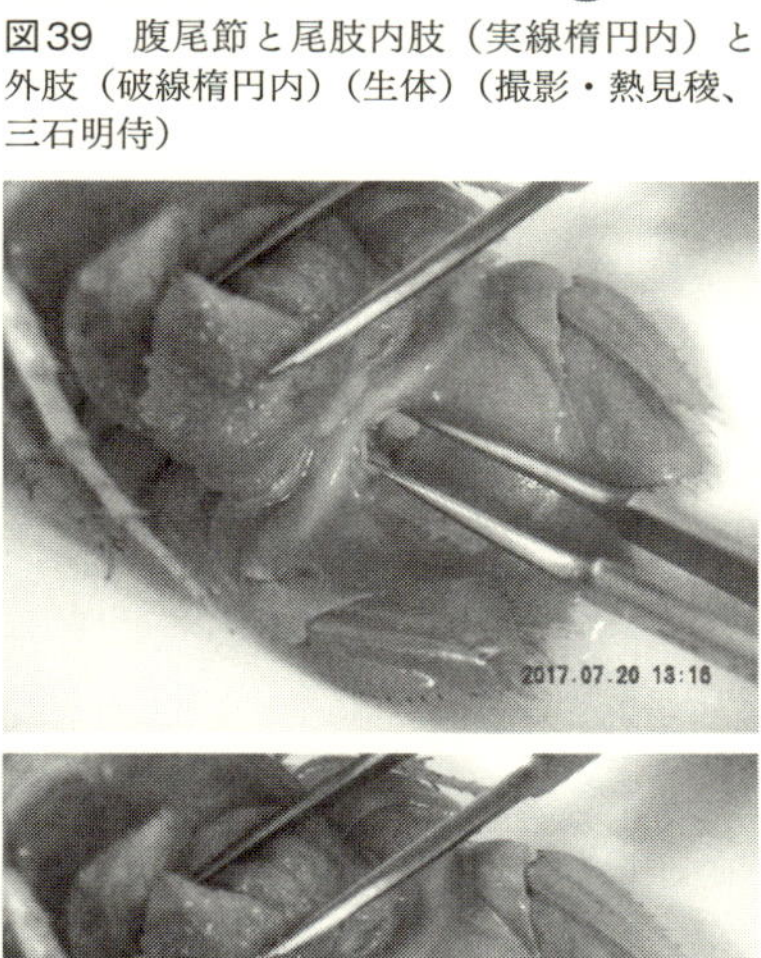

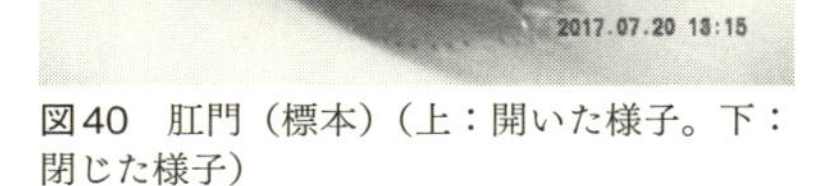

図40　肛門（標本）（上：開いた様子。下：閉じた様子）

ラリア博物館のローリーとデンプシーが二〇〇六年に報告したオオグソクムシ属の外部形態の特徴に関する論文[3]を参考に、種分類の方法を解説する。

・最もわかりやすい特徴は体のサイズである。前述の通り、オオグソクムシ属はサイズによって「巨大種（giants）」と「超巨大種（supergiants）」の二群に分けられる。巨大種は体長約八〇から一五〇ミリメートル、超巨大種は同約一七〇から五〇〇ミリメートルまでにそれぞれ成長する。

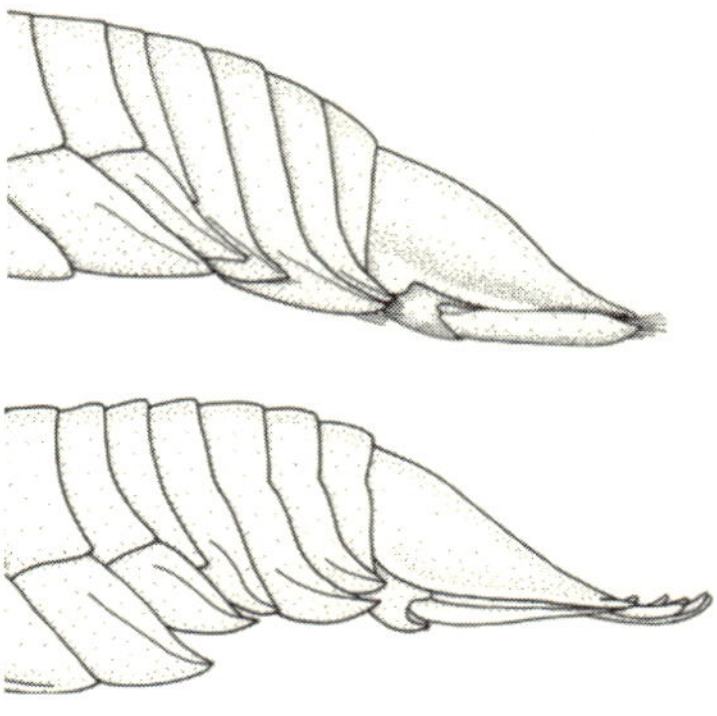

図41　*B. bruscai* の真直棘（上）と *B. kensleyi* の上巻き棘（下）（参考資料（3）より抜粋）

・体の最後尾に備わる扇のような腹尾節は印象的である（図39）。この部分を上方から眺めると、よく目立つ棘が後縁に沿ってノコギリの歯のように並んでいる。どの種でも、両端に小さな棘が、それらの間により大きな数本の棘が並ぶ。棘の数は種によって異なり七、九、一一または一三本であるが、数が同じ種もいる。中央の棘は通常一本の単叉型だが、*B. bruscai, B. decemspinosus, B. pelor, B. kapala* の四種では、二叉型である。ただ、論文に掲載されている図を見るかぎり、中央棘が二叉に分かれている様子は非常に確認しづらい。

腹尾節を側方から眺めると、棘は体の後方へ向かって伸びているのがわかる。また、伸び方には大きく二種類ある。一つは「真っ直（straight）」、他方は「上巻き（upwardly curved）」（図41）である。巨大種はすべて真直棘をもつ。超巨大種の中には、真直棘をもつ種（*B. keablei*, *B. crosnirei*, *B. giganteus*, *B. miyarei*, *B. richeri*）と上巻き棘をもつ種（*B. kensleyi*, *B. lowryi*）がある。

腹尾節の両脇に備わる尾肢の内肢、外肢それぞれの外側（lateral）、内側（medial）、後縁（distal）および後縁の角の形状は種によって異なる（図42）。これらの特徴は、尾肢内肢、外肢の全体的な形状を特徴付ける。

また、尾肢外肢の外側の縁にフリンジのように並ぶ「刺毛列（setal fringe）」（図42の左が明瞭）の特

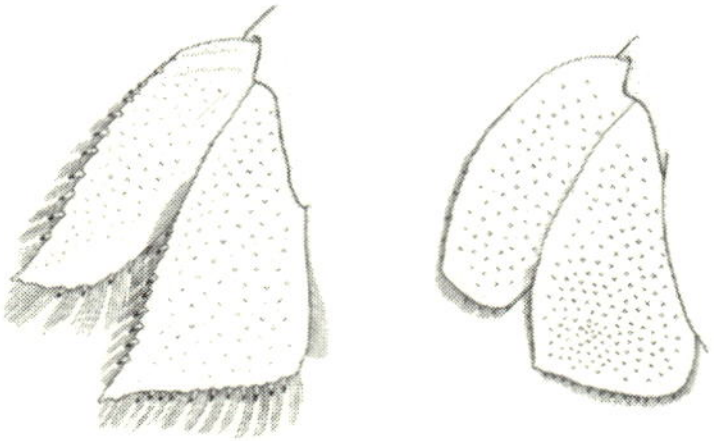

図42　尾肢の形状。*B. doederleini*（左）と *B. keablei*（右）（参考資料（3）より抜粋）

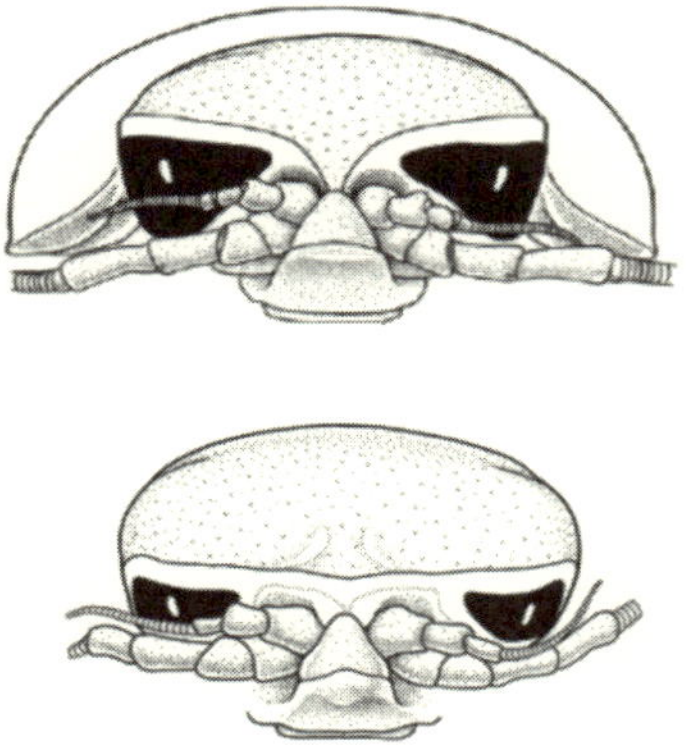

図43　複眼上の突起（庇）の形状。*B. doederleini*（上、断続的）と *B. bruscai*（下、連続的）（参考資料（3）より抜粋）

徴もオオグソクムシ属の種分類のために重要である。この刺毛列の特徴は、連なりの度合いによって、連続（縁の八〇％以上に渡って連なる）、中（同六五〜七七％）、短（同五〇〜六四％）の三種に分けられる。短刺毛列の種（*B. brucei*, *B. immanis*）では、この外肢外側縁の形が連続的ではなく、途中で一度明確に曲がっている。

・胸脚では、第一、第二胸脚の腕節と前節の外縁に沿う剛毛の数が種間で異なる。

・頭部を前面から眺めると、頭部前面がヒトの額のように見える（図43）。その額と複眼の境界は横長で前方へ突出し、庇（ひさし）のようになっている（図43）。人間でも、前頭骨と眼窩の境界は眉弓となって盛り上がっている。ちょうど眉毛の生えている辺りである。彫りの深い人では、その部分はまさに庇のようになっている（私もその一人だ）。オオグソクムシ属の多くの種では、この庇は複眼の間で下方へ落ちるため、断続的である（図43）。人間でも、眉弓は眉間で下方へ向かいながら途切れる。一方、唯一*B. bruscai*では、庇は連続的である（図43）。

同定法

前述のような形態的特徴によってオオグソクムシ属は種に分類される。みなさんもオオグソクムシ属と思われる動物を採集する機会があれば、以下の検索法(3)に従って種を同定できる（→の後の数字はさらに該当の数字の箇所で細分化されることを示す。――の後は同定される種）。

①　腹尾節の棘が７本↓②
　同、９本↓⑤
　同、11本あるいは13本↓⑬
②　腹尾節の中央棘が単叉↓③
　同、二叉↓④
③　尾肢外肢外縁の刺毛列の連なりが中位から連続的（七五〜八四％）――*B. doederleini*
　同、短位（六二〜六五％）――*B. immanis*
④　尾肢外肢外縁の刺毛列の連なりが中位（七七〜七八％）――*B. decemspinosus*
　同、連続的（八五〜九四％）――*B. kapala*
⑤　腹尾節の中央棘が二叉↓⑥
　同、単叉↓⑧
⑥　複眼上の突起（庇）が連続的――*B. bruscai*
　同、断続的（複眼の間で下がる）↓⑦
⑦　尾肢内肢の側縁が微かに湾曲的――*B. kapala*
　同、直線的――*B. pelor*

⑧　腹尾節が細長というより幅広→⑨
　同、幅と長さが同等あるいは僅かに細長→⑫
⑨　尾肢外肢外縁の刺毛列の連なりが中位から連続的（六五％より多い）→⑩
　同、短位（五四〜五六％）——*B. brucei*
⑩　腹尾節の棘が上巻き——*B. lowryi*
　同、真直→⑪
⑪　頭盾の側縁が凸、尖端は広く円み——*B. obtusus*
　同、凹、尖端は狭く円み——*B. miyarei*
⑫　尾肢が腹尾節を越え、内肢後縁角が二股——*B. affinis*
　同、越えず、内肢後縁角がやや鋭い——*B. doederleini*
⑬　腹尾節の棘が上巻き——*B. kensleyi*
　同、真直→⑭
⑭　尾肢の内肢後縁角が強く突出——*B. richeri*
　同、強くは突出しない→⑮
⑮　尾肢の内肢後縁角が僅かに突出→⑯
　同、突出せず→⑰
⑯　頭盾の側縁が凹——*B. keablei*

同、直線的――*B. giganteus*

⑰　腹尾節の棘が13本――*Bathynomus sp.*

同、11本――*B. crosnieri*

記載法

検索法で分類の仕方がわかったところで、次に、その分類された動物の記載の仕方も学んでみたい。

そこで、ここでは、検索表で分類された動物の分類学的記載の具体例として、日本近海で捕獲される唯一のオオグソクムシ属、*Bathynomus doederleini* Ortmann, 1894、すなわち和名オオグソクムシの種記載を紹介しよう。

オオグソクムシの場合、以下の通り、長々と記載が続く。そこにはまず、オオグソクムシが見つかったという報告が書かれた論文が目録としてずらりと並ぶ。続いて、標本がどこにあるのか、体にどのような特徴があるのか、そしてどこに生息しているのかといった情報が並ぶ。このような詳細な記載を参考にすることによって、私たちが今まで見たこともないような深海生等脚目を採集した場合、それが新種なのか、あるいは現存種かどうかを判断することができるのだ。

学名：*Bathynomus doederleini* Ortmann, 1894

記載文献目録（異なる学名表記ごとに、発表者、発表年、掲載書誌情報が列挙されている）

・*Bathynomus döderleini* –Ortmann：一八九四年、一九一頁。

・*Bathynomus döderleini* –Richardson：一九一〇年、第四巻。–Nierstrasz：一九三一年、一六二頁。

・*Bathynomus Döderleini* –Bouvier：一九〇一年、六四三頁、一九〇一年、三七六頁、一九〇一年、一二三頁。-Milne Edwards & Bouvier：一九〇二年、一五九頁、写真七、八。

・*Bathynomus Doederleini* –Dolfein：一九〇六年、二六五、二六六頁。-Thieleman：一九一一年、一八頁。

・*Bathynomus döderleini* –Richardson：一九〇九年、第七八巻。-Hale：一九四〇年、二九二頁。

・*Bathynomus doederleini* –Gurjanova：一九三六年、第六八巻。-Günther & Deckert：一九五〇年、九〇頁。-Idyll：一九六四年、二五八頁。-Shiino：一九六五年、五四二頁、図七一八。-Holthuis & Mikulka：一九七二年、五八七頁。-Bruce：一九八六年、一二八頁、図八七f～k。-Tso & Mok：一九九一年、一四一頁。-Soong & Mok：一九九四年、七二頁。-Saito et al.：二〇〇〇年、六一頁。

・*Palaega doederleini* -Karasawa et al.：一九九二年、五頁、図三（化石種）。

タイプ標本

日本・江の島付近産。シンタイプ。体長一〇三～一二三ミリメートル（フランス・ストラスブール市歴史博物館蔵）。

タイプ標本とは、新種の学名をつける新種記載論文の中で、学名をつけるための基準として指定された標本である。この標本は、単一の場合もあれば、複数個体の場合もある。単一の場合、その標本は「ホロタイプ」と呼ばれる。また複数の場合、記載者がどれか一つを学名記載の際の基準となるホロタイプとして指定する。その場合、他個体は「パラタイプ」と呼ばれ、ホロタイプに準ずるものとなる。ただし、ホロタイプが指定されなかった場合、すべての個体は「シンタイプ」と呼ばれ等しく扱われる。

その他の標本

日本産

・相模湾。Masuhide Numata：一九七五年、一体（オーストラリア博物館蔵 P64190）。
・北緯三四度五三・九分、東経一三八度四三・一分、駿河湾・土肥西沖、水深三八二〜四二五メートル、S. Ohta：一九七八年一一月二〇日、一体（オーストラリア博物館蔵 P42713）。
・北緯三五度六・九〇分、東経一三九度一三・一一分、真鶴沖・神奈川礁、水深六八〇メートル、多数（オーストラリア博物館蔵 P64189）。

台湾産

・北緯二二度四八分、東経一二一度一一分、富岡、一九九二年、六体（オーストラリア博物館蔵P64099）。

・北緯二五度、東経一二一度一三分、頭城沖、宜蘭県、水深一〇〇〜四〇〇メートル、P.K.L.Ng：一九九六年四月八日、二三体、一体の雄一三ミリメートルは図版（オーストラリア博物館蔵P64088、P64100、P68555、コペンハーゲン大学動物博物館蔵）。

・北緯二五度、東経一二二度、水深二五〇〜四〇〇メートル、J. Paxton：一九九九年三月、四体（オーストラリア博物館蔵P64089）。

・北緯二五度、東経一二二度、水深二〇〇〜四〇〇メートル、S. Ahyong：一九九八年五月二五日、四体（オーストラリア博物館蔵P64087）。

・北緯二五度一〇分、東経一二一度四三分、頭城沖、水深六〇〇メートル、一九九三年五月、三体（オーストラリア博物館蔵P64086、P64090）。

フィリピン産

・北緯一二度五七・五〇分、東経一二四度二一・四五分、サン・ベルナルディノ海峡、水深三七六〜三八二メートル、J. Paxton：一九九五年九月二三日、四体（オーストラリア博物館蔵P64191）。

タイプ標本産出地

日本・江の島付近。

記載

・標本はオーストラリア博物館蔵P68555。性別雄。体長一三三ミリメートル。体長＝3×体幅。

（以下、図44・図45を参照にすると理解し易い）

・眼上の頭部突起は不連続。

・第二触角鞭節は第三胸節に達する。

・第一胸脚：座節後先端縁に後ろから体へ向かって伸びる一〜三本の、また、三〜四本の頑丈な剛毛。長節前近位角に五本の長く頑丈な剛毛、後縁に近位列で三〜五本の、遠位列で三〜四本の頑丈な剛毛。前節の長さは幅の二倍、後縁に五〜六本の頑丈な剛毛。

・第二胸脚：座節後縁に一〜三本の、後遠位縁に三〜四本の頑丈な剛毛。長節前遠位角に九〜一三本の長い頑丈な剛毛、後内側縁に近位列で三〜五本の、遠位列で三〜四本の頑丈な剛毛。前節後縁に四本の頑丈な剛毛。

・第七胸脚：底節は遠位的に漸先かつ後方に湾曲。

・第三腹節は第五腹節を越えない。

・尾肢は腹尾節を越えない。柄に二本の剛毛。内、外肢外側および後縁は細かく波形。外肢外側縁は湾曲、縁沿いに九～一二本の頑丈な剛毛、刺毛列の長さは中位から連続的（七五～八四％）、内側縁は直線的、遠位内側角は広い円み、後縁は凸で四～六本の頑丈な剛毛、遠位外側角わずかに突出し鋭い。内肢外側縁はわずかに湾曲、七～九本の頑丈な剛毛、内側縁は直線的、遠位内側角は円み、後縁は直線的で一〇～一三本の頑丈な剛毛、遠位外側角は突出しやや鋭い。

・腹尾節長は幅の〇・九倍、表面は粒状（細かい毛孔）、背側表面縦方向の竜骨は明瞭で後縁に五（ときには七）本の短く直線的で突き出た棘と二本の小さな外側棘、棘間には剛毛があり、中心棘は単叉。

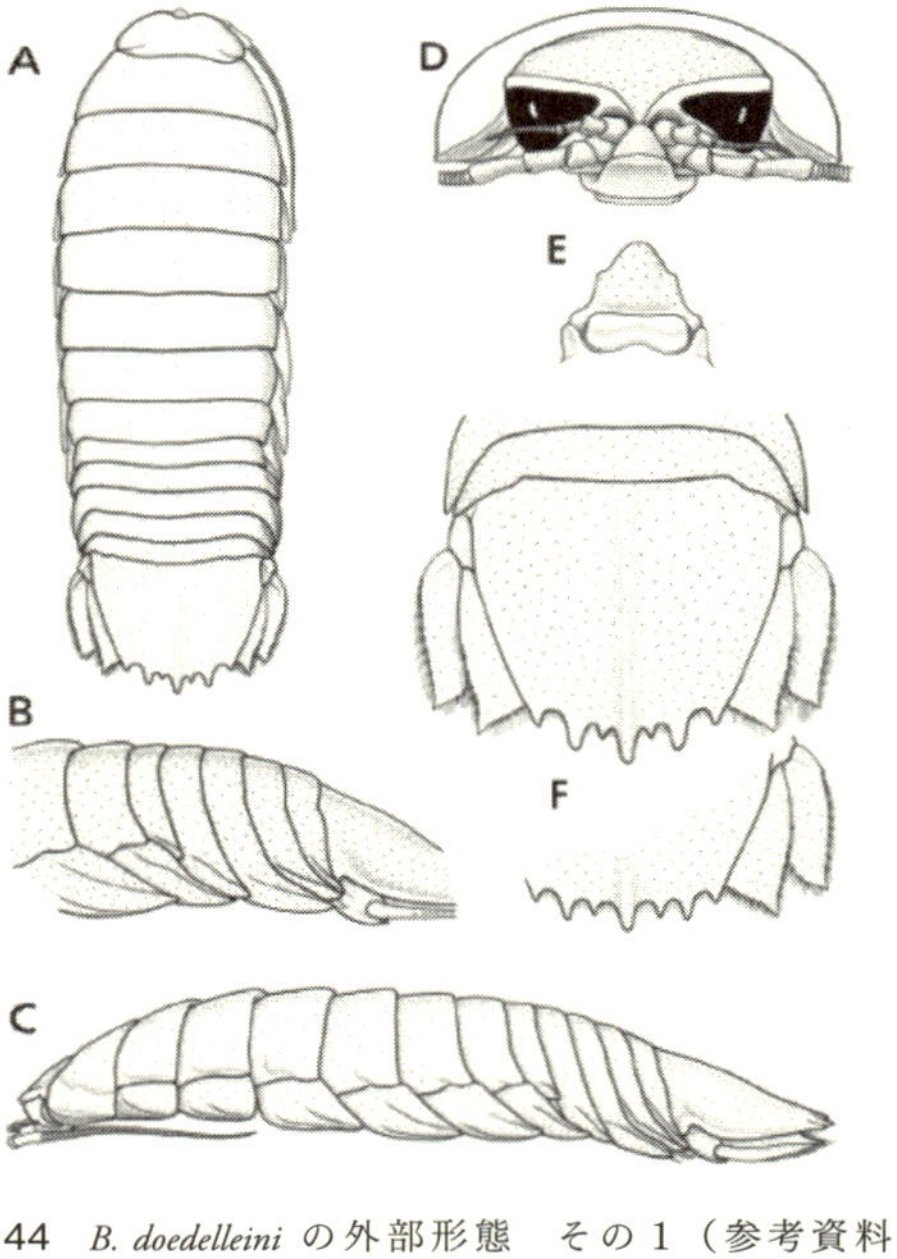

図44　*B. doedelleini* の外部形態　その１（参考資料(3) より転載）。A:全体（背面）B:腹節（側面）C:全体（側面）D:頭胸部（前面）E:頭盾（腹面）F:腹尾節（背面）。

生息域

大陸棚および斜面（水深一〇〇〜六八〇メートル）。

所見

本種は尾肢外肢外側縁沿いに連続的な刺毛列をもつ巨大種群に属する。この群には*B. affinis, B. bruscai, B. kapala, B. obtusus*および*B. pelor*が属する。群中、*B. doederleini*と*B. kapala*のみの腹尾節棘が七本である。本種は腹尾節中央棘が単叉であることから*B. kapala*と区別される。

本種は腹尾節棘の長さが著しく一様でない独特の種である。北東台湾沖産の比較的新鮮な材料では、腹尾節は濃い赤色だった。南フィリピンからの本種の報告は生息域の拡大を意味する。

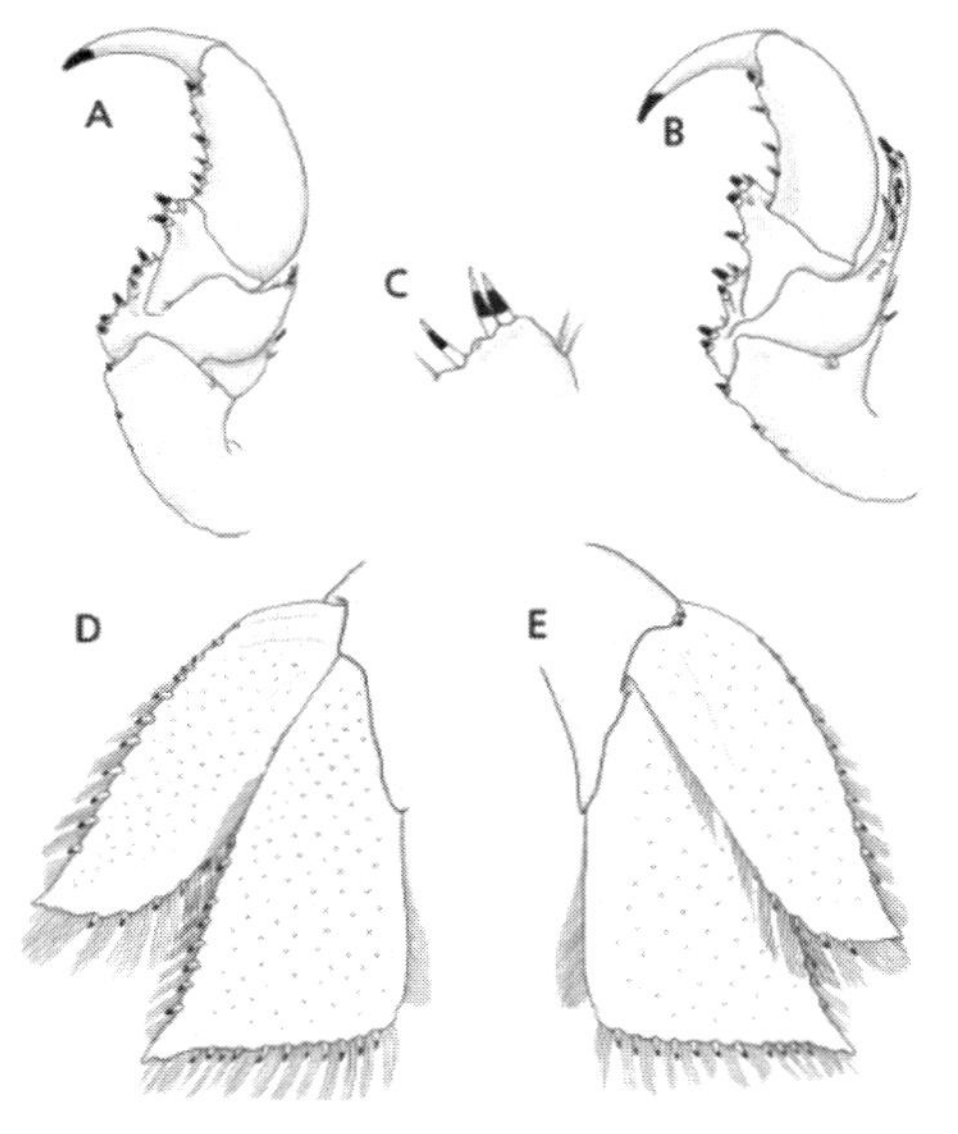

図45　*B. doedelleini*の外部形態　その2（参考資料（3）より転載）。A: 第1胸脚（内側）B: 第2胸脚（内側）C: 第2胸脚長節（後外側縁）D: 尾肢（背面）E: 尾肢（腹面）。

分布

日本では相模湾・駿河湾、南西・北東・東台湾、サン・ベルナルディノ海峡、フィリピン（西太平洋全域）。

その内側

ここまで、読者のみなさんの多くが惹かれるオオグソクムシのフォルムについて少し詳しく解説してきた。分類学者の気分を味わっていただけたなら幸いである。続いては、おそらく多くのみなさんがあまり知らないであろう、彼らの内側に迫ってみよう。

内臓

では、オオグソクムシの体の内部を主に構成する、消化器系、循環系、生殖系、神経系を眺めてみよう。

私たちヒトとの大きな違いは、これらの配置で

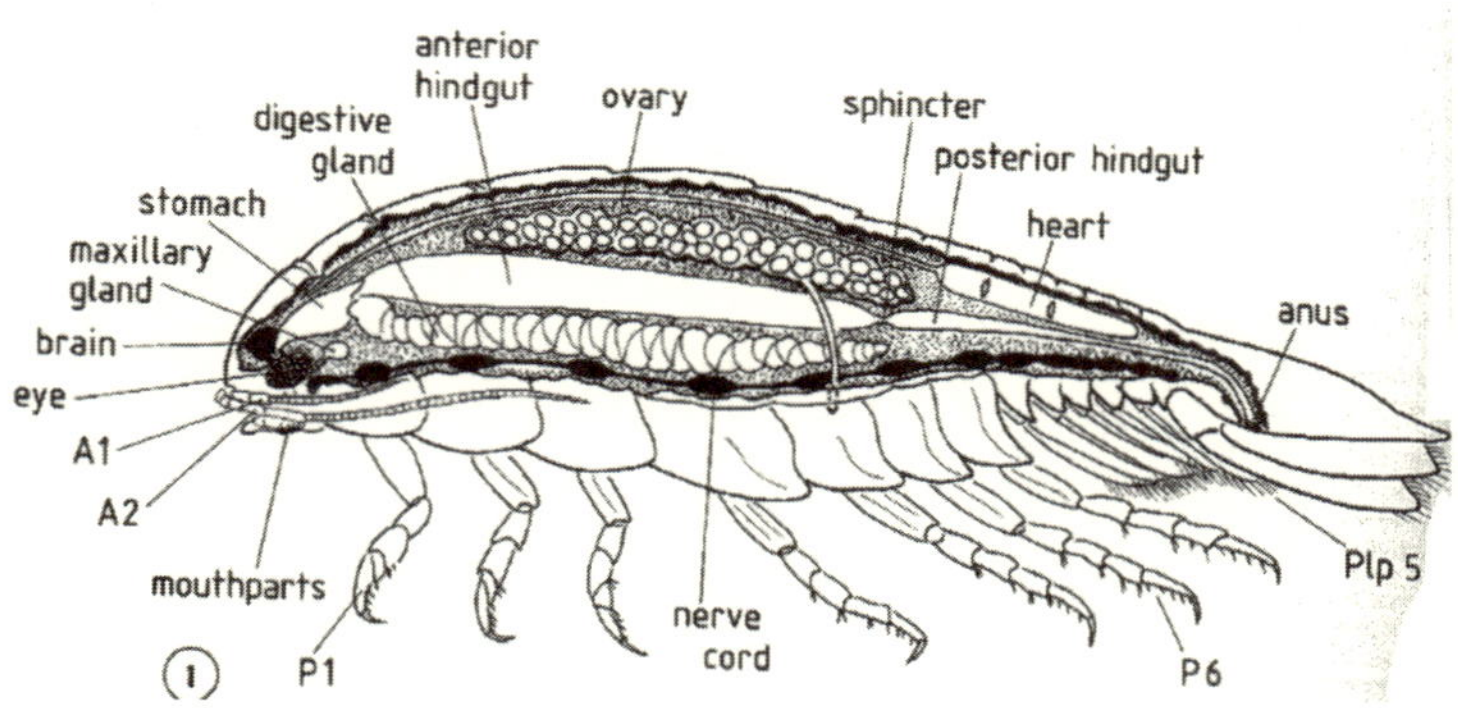

図46　等脚目の内臓の様子（参考資料（12）より転載）
mouthparts（口器）, eye（複眼）, brain（脳）, maxillary gland（小顎腺）, stomach（胃。オオグソクムシでは前胃）, digestive gland（中腸腺）, anterior hindgut（中腸。オオグソクムシでは胃）, ovary（卵巣）, sphincter（括約筋）, posterior hindgut（後腸）, heart（心臓）, anus（肛門）, nerve cord（腹髄）, A1（第1触角）, A2（第2触角）, P1（第1胸脚）, P6（第6胸脚）, Plp5（第5腹肢）。

図47　焼酎漬けのオオグソクムシ標本

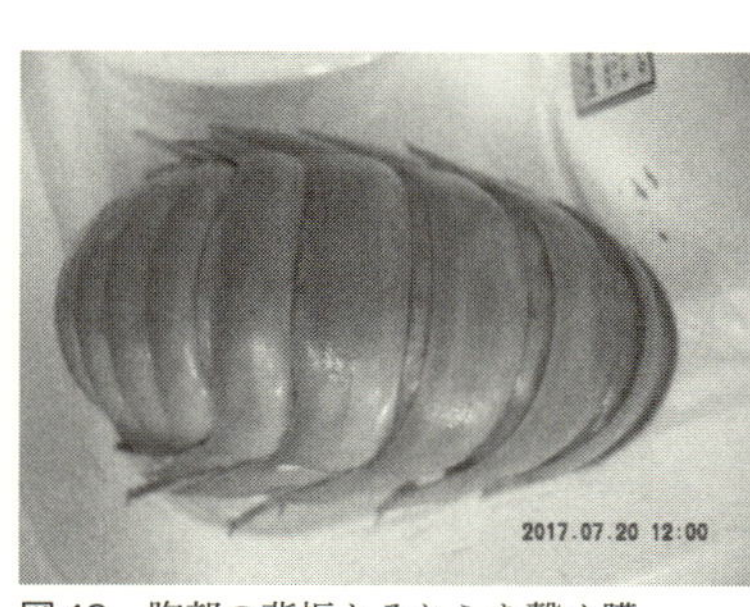

図48　胸部の背板とそれらを繋ぐ膜

ある（図46）。ヒトの体では、脳は頭部に、脊髄は体の背側に配置し、その腹側に消化器、循環、生殖系が配置される。一方、オオグソクムシでは、私たちの脊髄に似た長い神経線維の束である「腹髄」が、その名の通り最も腹側を走る。その背側に、消化器系、生殖系、そして循環系の要である心臓が順次配置する（図46）。脳は、オオグソクムシでも頭部にある。

私の研究室では、飼育するオオグソクムシが死んだ場合、それを焼酎に漬けて保存している（図47）。本書を執筆するにあたり、二〇一五年に保存された個体を解剖し、前述の内臓の配置を確認してみた。本当はもっと早い時期に解剖を実施するつもりで、二〇一四年二月に、杏林大学の田中浩輔氏に、首都大学東京の黒川信（まこと）先生の研究室において解剖を実演していただき、手順を教えていただいた。田中氏、黒川先生は前出の故桑澤先生のお弟子さんである。首都大から帰ってすぐ取り掛かればよかったのに、ずるずると後回しにして、とうとう二〇一七年になってしまった。

最初に、背、腹のどちらからハサミを入れるかを考えたが、背の方は殻を剥がすのに手間取ると思い、腹側からに決めた。その前に、個体の体を少し過剰に丸めて背側から観察した（図48）。生きている個体はあまり体を丸めることができないが、標本の個体には強く力を加えられる。節と節は薄い膜のようなもので繋がっていて、そこから内部が透けて見えた。

片側の脚をハサミで切り離すと、脚の付け根に植物の小さな葉のようなものが見えた（図49）。これは未発達の覆卵葉である。腹部は柔らかく、中央が白く膨らんでいる（図49）。オオグソクムシが餌を食べると腹部、特にこの白い部分が膨らむが、前述の通り、ここには消化管はないので、内部がどうなっているのか気になっていた。この白い部分には脂肪のようなものが溜まっているのではないかと期待してハサミを入れると、意外にもスカスカだった（図50）。

この腹の皮を剥がすと、ヤングコーンのような器官が現れた（図51）。数本あり、これらが別名「肝膵臓」と呼ばれる「中腸腺」である。教科書等で述べられている通り、確かに、消化管を囲むように配置していた。そして、中腸腺を除くと、消化管が見えた（図52）。消化管の横にある枝豆のような器官は「卵巣」で

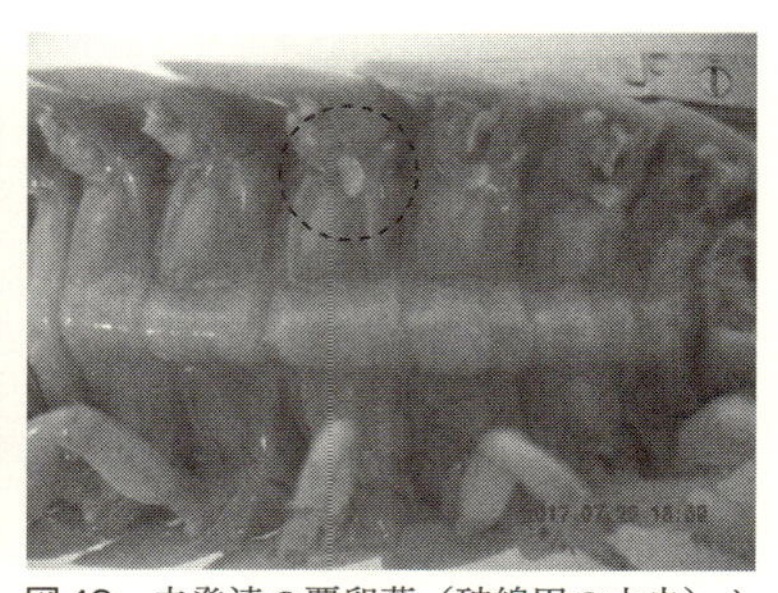

図49　未発達の覆卵葉（破線円の中央）と腹部の白い膨らみ

図50　白い膨らみを切った様子

ある。卵巣は二つあった。

内臓をすべて取り去ると、殻に組織がこびりついていた。ピンセットでこれらをこそげ落とすと、シーチキンのような身が意外に多く回収された。集まった身を見ていると、オオグソクムシ

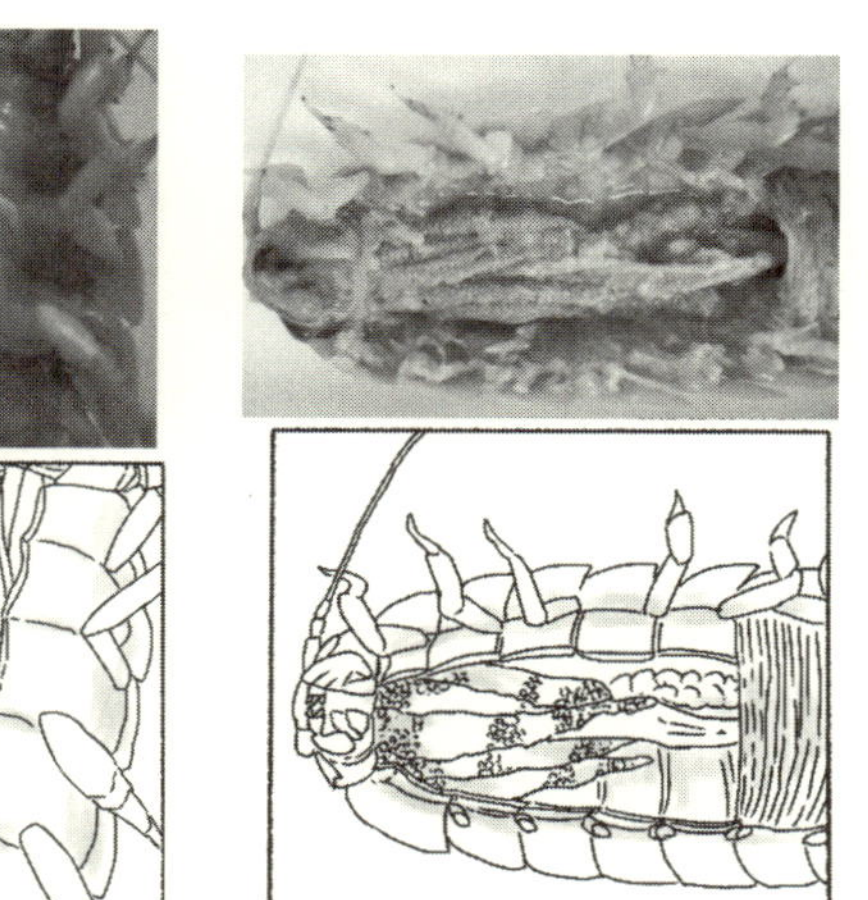

図51　中腸腺が現れた様子（左）とその配置（右）

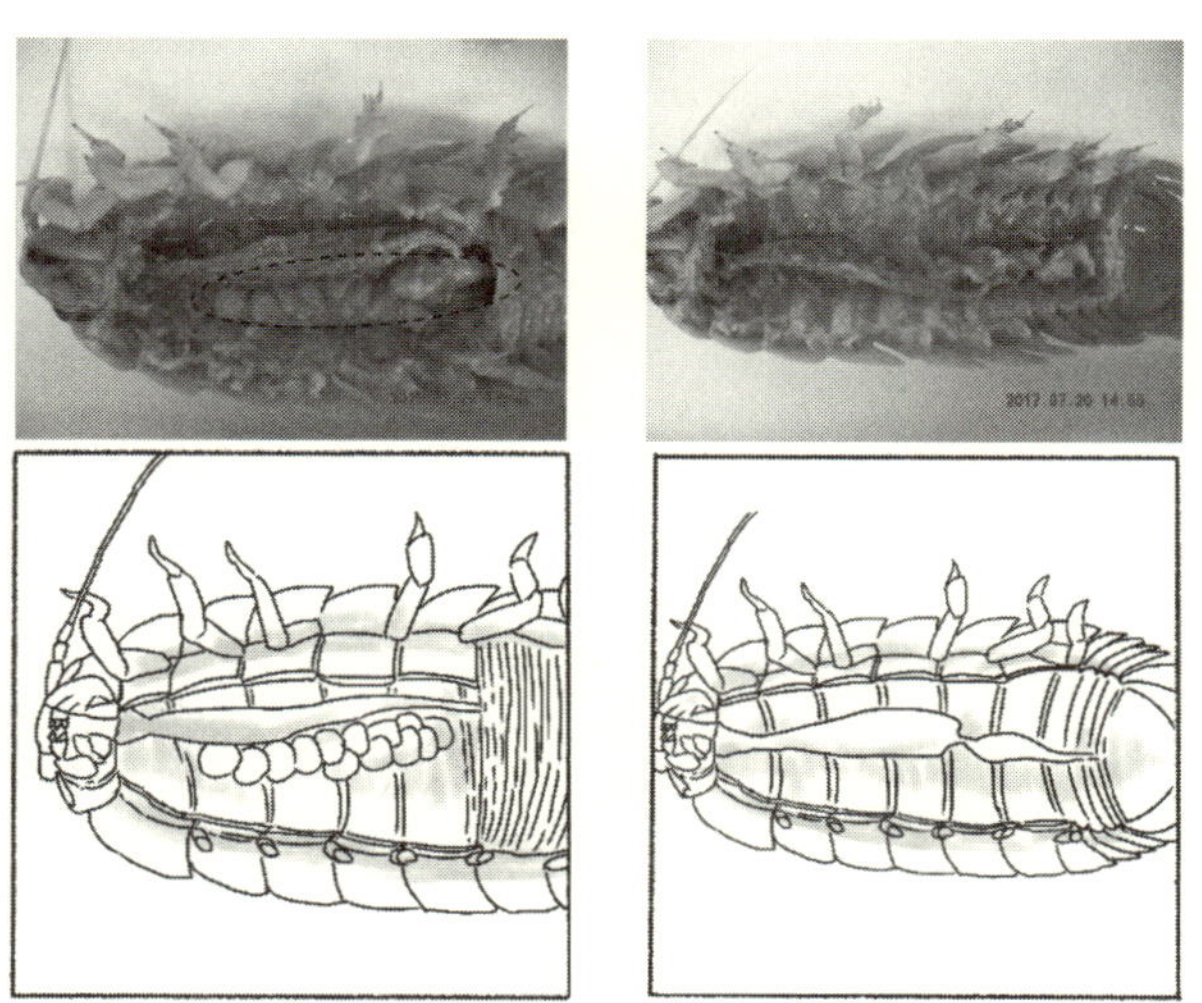

図52　卵巣（左：破線楕円内）と消化管（右：卵巣除去後）

が意外にうまいという意見が多いのもわかる気がした。

内臓のうち、中腸腺や卵巣はもろく、ピンセットでそっとつままないと破れてしまう。一方、消化管は丈夫で、二本のピンセットでぎゅっと引っ張っても破れはしなかった。その感覚を例えて言うと、かんぴょうを引っ張っている感じだ。胃の末端部は極端に細くなって後腸へ繋がっているため、ピペットで焼酎を入れるときれいに膨らんだ（図53）。

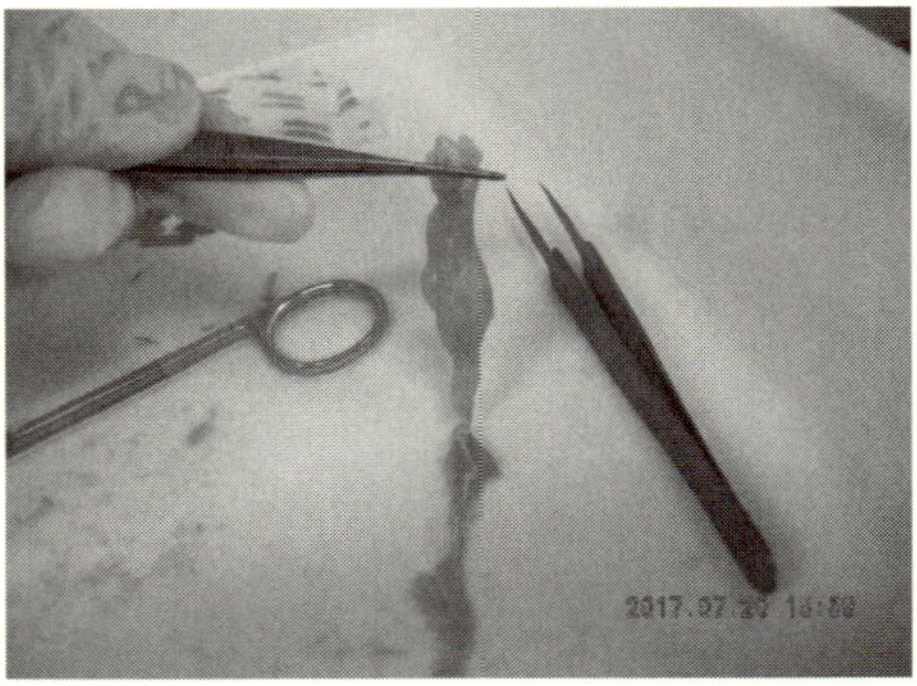

数日後、今度は別の焼酎漬け個体を腹部背側から解剖した。心臓を確認するためだ。殻を剥がすと、身がかなり詰まっているのがわかった。心臓を誤って取り除かないよう、慎重に身を除くと、心臓が現れた（図54）。膜で覆われており、これを除こうとすると心臓自体が崩れてしまうので、全体像ははっきりとは確認できないが、腹部背側の殻の直下の器官なので心臓で間違いないと思われる。消化管を確認するために心臓を持ち上げると、やはりその形は崩れてしまった。心臓を除くと、後腸が現れた（図55）。

図53　胃（膨らんでいる部分）と後腸（胃の下端のくびれに続く部分）

胸部背側の殻もはずすと、前回確認した卵巣と中腸腺の配置がよくわかった。これらをめくり、胃を慎重に取り除くと、腹髄を確認することができた（図56）。教科書通り、星のような形をした大きな神経節とそれらを繋ぐ二列の神経線維から成る「はしご状神経系」が明確にわかった。神経系は細く脆いため、確認できるとは思っていなかったので、思わず「おお。見えた」と声を上げた。腹髄は、前回腹側から最初にハサミを入れた腹部中央の白い膨らみ部分に埋められているようだ。

腹髄を頭部まで辿って脳を見ようとしたがわからなかった。おそらく、解剖の過程で崩してしまったと思われる。次回には、私の集中力がまだ高いうちに、頭部から先に解剖し、脳を確認しようと思う。

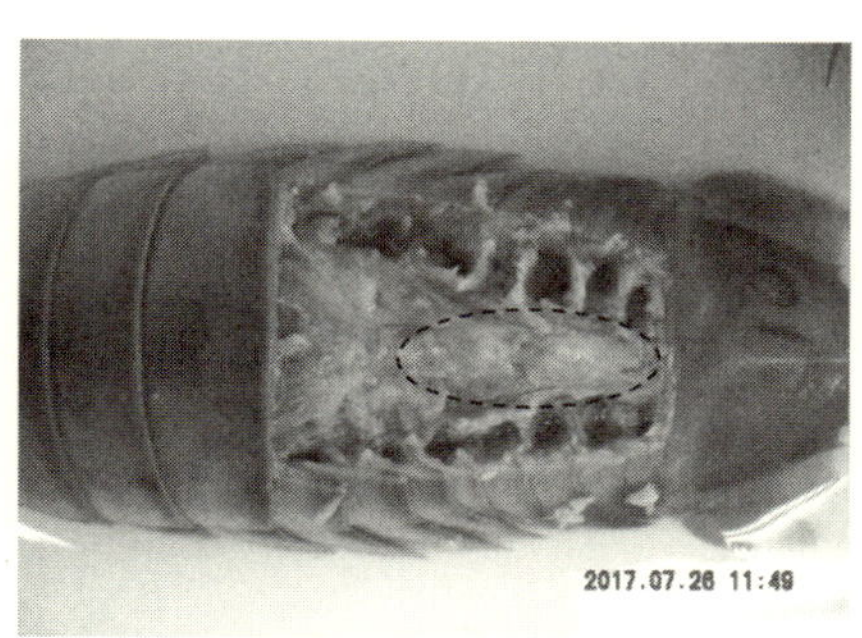

図54　膜で覆われている心臓（破線楕円部）

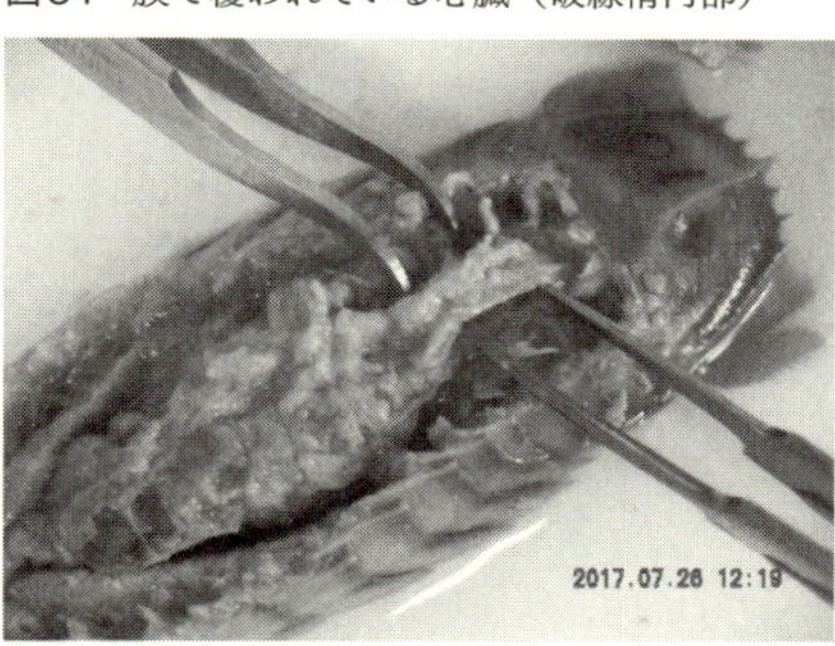

図55　後腸

消化

解剖の様子から、オオグソクムシの内臓の構造を概ね把握することができた。続いては、それらの機能を、前出の『動物系統分類学[10]』と、『Microscopic Anatomy of Invertebrates Volume 9 Crustacea[12]』を教科書として学んでみよう。

正確な内容を伝えるため、抜粋や直訳にわずかに手を加えた程度の表現が多く、読み進めがたいかもしれない。しかし、そのほうがマニアックで、深く興味をもっていただけるだろう。

オオグソクムシを含む等脚目の動物では、食物は左右にメカニカルに動く前出の大顎で噛み裂かれ、食道、中腸腺が開口する胃、そして後腸と順に消化され、直腸を経て肛門から糞として排出される。節足動物の多くは後腸の前に中腸を備えるが、等脚目の動物は中腸がないか、あるとしても極めて短い。また、寄生性の甲殻類ではしばしば消化管がなかったり、その存在が痕跡的であったりする。ときにそれは、盲端に終わる細長い袋状の場合もある。消化管は丈夫で、液体を入れると膨らんで形がよくわかる。

胃は粉砕ポンプおよびフィルターとして振る舞い、消化管内で最も複雑な構造をもつ。その噴門部（食道側）の前胃は「咀嚼胃」、幽門部（後腸側）の後胃は「濾過胃」である。前胃内部には歯のように配列する小骨片が様々に発達し胃臼、砂嚢を形成する。そして、胃壁の強力な筋肉が動くと、食物が胃臼と砂嚢によってすりつぶされる。

すりつぶされた食物は消化腺である中腸腺から入ってくる消化酵素と混合される。後胃は櫛状に並ぶ剛毛や多くの襞を備え、それらは縦溝となって、消化吸収される食物と不消化の残渣を選別し濾過する。

縦溝内に濾出された半消化物は後腸および中腸腺へ送られ、不消化物は中腸腺の開口に触れる

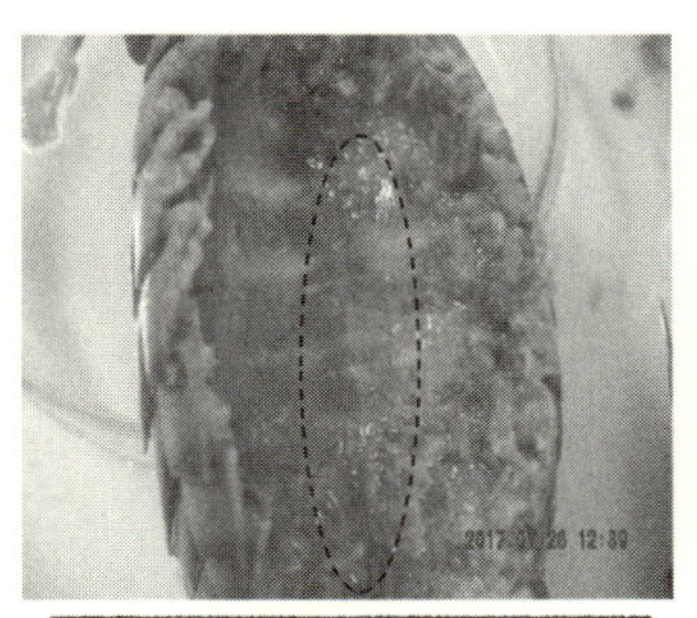
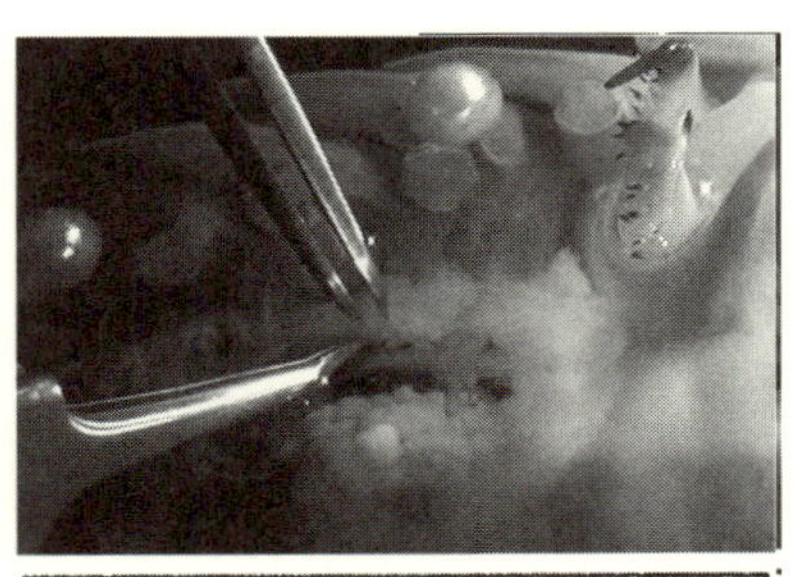
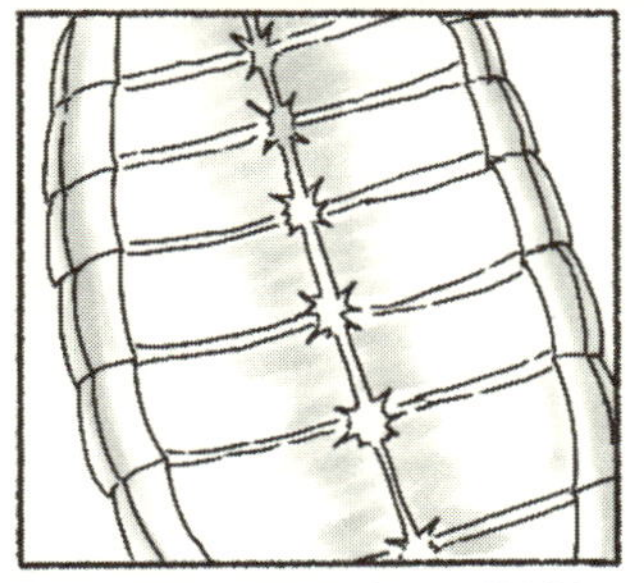

図56　腹髄の神経節（左上（標本）：破線楕円内。右上（生体）：田中浩輔氏による露出手術。観察用の黒い紙が腹髄の下に挿入されている）

ことなく後腸へ送られる。胃の後端は二対の葉状になり、後腸へ接続する。後腸内壁には粘液細胞がありその分泌物によって糞が滞りなく肛門へ運ばれる。

既に述べた通り、消化酵素は中腸腺から胃へ分泌される。中腸腺は別名、肝膵臓と呼ばれる通り、脊椎動物の肝臓と膵臓のように、消化酵素を分泌する役割を果たす消化器官である。

中腸を備える動物では、それはその名の通り中腸に付属する。中腸がないか非常に短い等脚目では、胃と後腸の境界付近に分泌腺が開口する。前述の通り、中腸腺は黄白色から橙赤色の腺組織で、カニでは「蟹みそ」として知られるあのトロトロした濃厚な味の部分である。

オオグソクムシの中腸腺はヤングコーンそっくりの柔らかく崩れ易い袋で、三本が胃の後部から後腸全体を囲むように横たわっている。このように、甲殻類の中腸腺は少数の袋から成る。そして、各袋の中には、先端が盲端となった細長い管状の盲管が密集し、ヤングコーンのような房状の組織を形成する。盲管の基部は集合して導管を形成し、各袋の導管は後胃の末部に開口して消化液を分泌する。

消化液はプロテアーゼ（タンパク質分解酵素）、リパーゼ（脂質分解酵素）、カルボヒドラーゼ（糖分解酵素）等の酵素を含み、脊椎動物の消化液に似るが、他の無脊椎動物と同様に、ペプシン様酵素（脊椎動物の胃に存在するタンパク質分解酵素）を有しない。また消化液は一種のみのため、甲殻類の消化は、脊椎動物や昆虫におけるような、複数の腺から各腺において特異的に分泌される酵素に次々と食物を晒すという過程ではない。消化液は後胃の濾過溝を通り前方の噴門胃にまで達する。消化管内の水素イオン濃度は5〜6・6と弱酸性で、消化酵素の働きに最適な範囲にある。

消化液の分泌に加え、中腸腺はグリコーゲン（ブドウ糖の連なった高分子。人間では肝臓や筋肉にたくわえられ、エネルギー源となる。江崎グリコ株式会社の「グリコ」の名前の由来[13]）、脂肪、カルシウムといった栄養分、そして銅、亜鉛、カドミウム等の金属を貯蔵し、脊椎動物と同様に、糖、脂質、プリンの代謝を行う。さらに、吸収も行う。

その始部にはふるい状の構造があり、粥状液（糜粥（びじゅく））となった食物のみを通す。粥状液は胃の中で逆流し、ふるいにかけられることによって、徹底的に細粒化される。ちなみに、人間の胃の内部でも粥状液は逆流する。この逆流によって、粥状液は消化液とより十分に混ぜ合わされ、また、粉砕化が進む。

これだけの働きをする中腸腺の構造はどのようになっているのだろう。その内壁は二種の細胞から構成されている。一つは盲管始部に多い「貯蔵吸収細胞（R（resorptive）細胞）」で、栄養素を細胞質内に脂肪球、グリコーゲン等として貯蔵する。もう一方は「分泌細胞（B（basophilic）細胞）」で、盲管の奥にあり、その内部には酵素の顆粒を含む。顆粒は集まって液胞という袋をつくり、その内容物は管の内部に放出される。どちらの細胞も全分泌（酵素の分泌の際、細胞自体が崩壊する）または部分分泌（酵素だけが分泌され細胞は壊れない）細胞で、全分泌細胞は盲端付近の細胞分裂によって補充される。食胞（細胞が栄養素等を取り込んだときに、それを囲んでつくる一過性の器官）をつくる細胞は見られない。

食道壁、後腸壁、小顎には腺が見られるが、その機能は不明で、アミラーゼと推測される粘液を分泌すると言われている。アミラーゼは、人間では主にだ液に含まれ、でんぷんを糖へ分解する。ご飯をよくかむと甘くなるのはアミラーゼの働きだと、小中学校で習った方が多いだろう。このアミラーゼが、オオグソクムシでも、その口器である小顎付近から分泌されるならば、その分泌液はだ液と呼ばれてもよいのではないだろうか。

生殖

次に生殖系を見てみよう。

人間と同様、オオグソクムシも雄は精巣、雌は卵巣を生殖腺として備える。甲殻類の生殖腺は通常消化管系の背側、血管系の腹側に、両系ではさまれるようにして位置する。構造はいずれも管状、または長短の嚢状で、これが体の左右にそれぞれ一対備わる。左右の生殖巣は連絡する場合もある。精子や卵子を体外へ導くための輸精管、輸卵管も同じく一対ある。

輸精管は末部で合一する場合もある。輸卵管の末部は拡張して精子を貯蔵する「受精嚢」となる場合もある。昆虫では、社会性のアリやハチの女王が受精嚢をもつことで有名である。アリの女王は非常に寿命が長く、十数年、数十年と生きる種がいる。女王は、羽化後の特定の時期に交尾すると、雄の精子を受精嚢へ貯蔵し、そして、その長い寿命の間、産卵する度に、貯蔵した精子を取り出し、卵に受精させるのである。

オオグソクムシを含む等脚類の生殖腺（図57）は通常左右独立で、精巣は嚢状で複数あり、それらをとりまとめる一つの貯精嚢が輸精管をもつ。輸精管は第八胸節の腹板に生殖口を開き生殖突起を作る。卵巣も嚢状で、輸卵管の末尾は第六胸節に生殖口を開く。オオグソクムシでも生殖口は同様の位置に開く。

オオグソクムシの交尾の様子を私は観察したことがないし、報告例もないと思われる。他の等脚類の交尾方法から推測されるのは、成熟した雄は、第二腹肢内肢が変化した棒状の交尾補助器を用い、生殖突起から排出される精子を雌の生殖口へ導くという方法である。また、雌は、交尾後の脱皮によって第一から第五胸脚の基部付近の腹板から現れる覆卵葉と腹板との間にできる育房内で、受精卵を育てる。幼生は育房内で孵化し、やがて覆卵葉を破って外部へ出る。この幼生は「マンカ」と呼ばれる。私は覆卵葉を備える雌や捕獲されたマンカを飼育したことはあるが、抱卵、幼生保育中の雌や、覆卵葉から幼生が出現する様子をまだ見たことがない。

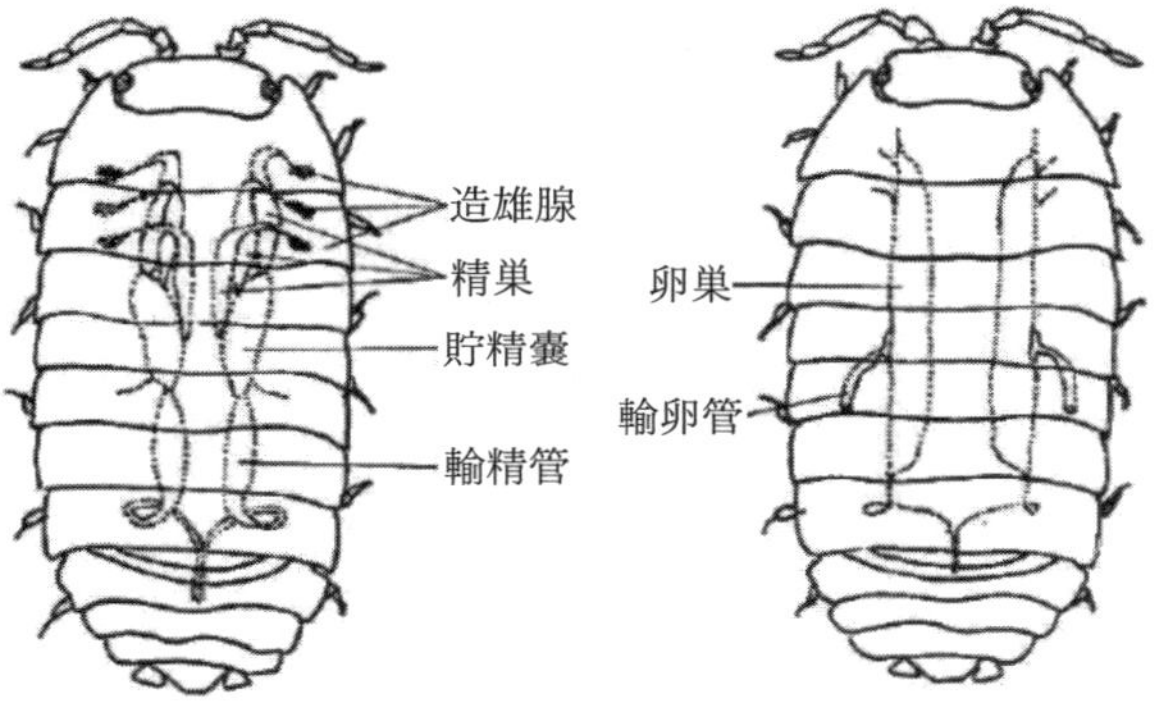

図57　等脚類（オカダンゴムシ）の生殖腺。左が雄、右が雌（片倉康寿. 化学と生物 23 (5), 309-310, 1985より一部改変して転載）。オカダンゴムシを含むワラジムシ類では、輸精管は末尾で合一する。

オオグソクムシの仲間で、飼育、観察がし易い陸生等脚類のダンゴムシの仲間では、交尾方法の報告があるので、参考までに、その内容を見てみよう。

ダンゴムシに日ごろ興味をもっている人々は、ダンゴムシの雄が、丸まった雌の上に馬乗りになったり、抱きかかえて転がったりしている様子にしばしば気付く。そして数週間後、多くの雌の腹がふくれてうす黄色になっていること、すなわち、多くの雌が卵を抱いていることを、経験的に知っている。そのことから、このような馬乗り行動が交尾行動ではないかと考えている人は多い。

馬乗りになった雄は、丸まった雌の背板を胸脚でしっかり掴みつつ、第二触角と胸脚を細かく盛んに動かし、雌の体表をさする。この間、雌は不動である。

私自身はこの馬乗り行動を詳細に調べたことはなく、交尾行動であることは推測の域を出ていなかった。また、この姿勢では、雄の腹にある交尾補助器が、同じく腹にある雌の生殖口へ達するのは非常に困難ではないのかという疑問をもっていた。素直に考えれば、雌雄が、それぞれの腹と腹を合わせたほうがよい。実際、ザリガニは、そのような姿勢で交尾する。

文献によると、この馬乗り行動は、交尾行動の一部、「抱接」のようである。[14] コシビロダンゴムシの仲間 *Venezillo evergladensis* の雄は、交尾可能な雌から発せられる化学物質（おそらくフェロモン）を察知すると、触角を盛んに振りまわし、動きまわる。そして触角が雌に触れると、雌の頭胸部を両方の触角で丹念にたたき始める。このとき雌は少し体を丸め不動の状態になる。

続いて雄は、雌をその背中から馬乗りになって抱え込む（図58）。多くの場合、二匹の体は互いに横向きになる。雄は雌の体を触角でたたき続け、また、大顎で頭胸部や胸節をかじる。

この抱接をひとしきり続けた後、雄は雌の体をかみながら仰向けへ移行し、互いの腹部が向かい合う体勢になる（図58）。このとき、両者は互いに真正面で向かい合っているのではなく、左右いずれかへずれており、また、雄は雌の体の前半を抱えている（図58）。すると、雌は、自分の生殖口が雄の腹部に重なるように、自ら移動する（図58）。

続いて、雄は左右の交尾補助器を合わせ、雌の左右いずれかの生殖口のうち、近い方のものへ向かって持ち上げ、そして生殖突起から射出される、精子の入った「精包」という鞘を、交尾補助器を介し、雌の輸卵管内へ移す。

こうして最初の交尾が完了すると、雄は雌から離れ、再び抱接を始め、最後に、最初の交尾で使われたのとは反対の雌の生殖口において、第二回目の交尾が行なわれる。交尾に費やされる時間は、第一回目、第二回目ともに約四五秒である。

このコシビロダンゴムシの雄は、約一年半から二年で体長四〜五ミリメートルに達する。交尾行動は、生後半年ほどの体長三ミリメートル程度の個体でも見られる。雄は常に交尾可能な状態、すなわち貯精嚢から精子を射出できる状態であるが、雌の交尾は常時可能ではない。雌における雄の受入れ期間は脱皮周期と深く関連する。

図58　コシビロダンゴムシの仲間 *Venezillo evergladensis* の交尾行動（参考資料（14）より転載）。A: 包接、B: 腹部を合わせる移動、C: 交尾。

ダンゴムシもオオグソクムシも等脚目であるため、成体の脱皮ではまず体の後半、続いて前半の外骨格を脱ぐ。前後の境目は第五、第六胸節の間である。ちょうどこの境目部分に雌の生殖口が開口するのが興味深い。ちなみに、マンカが最初に行う脱皮では、古い外骨格は前後に分かれず、一度に脱がれる。

ここで、脱皮の説明のために少し外骨格の構造について学んでおこう。外骨格は四層から成る。最外層から順に、表クチクラ、外クチクラ、内クチクラ、膜層である（図59）。クチクラはラテン語で、cuticulaと表記される。英語表記ではcuticle。読みは「キューティクル」である。みなさんも、シャンプーやリンスのCMでは必ずといっていいほど、この「キューティクル」を耳にするだろう。

外骨格最下層である膜層の真下が表皮である。表皮は薄い基底膜の上に並び、基底膜の下は「血リンパ」と言われる血液が溜まる「血体腔（血洞）」である。表クチクラはキチンを欠くガラス層である。キチンは多糖類という物質で、水に溶けず、繊維状で安定である。内外クチクラ、膜層はキチンを含む。前者はカルシウム塩を含むが後者は含まない。

脱皮の終了から、次の脱皮の開始までの期間を「脱皮間期」という。なじみのあるオカダンゴムシの場合、脱皮間期は通常約一か月である。

最初の約二週間ではカルシウム塩の沈着が進み、外骨格が硬くしっかりする。後半の二週間では、次の脱皮へ向けた準備が外骨格内で生じる。まず表皮の細胞が大きく成長し、古い外骨格から剥がれ、両者の間に隙間ができる。この過程は「アポリシス」と呼ばれる。表皮細胞は細胞分裂によって数を増す。すなわち、個体の体サイズが大きくなる。この間に古い膜層や内クチクラは血リンパに吸収され消失していき、新しい外骨格が表皮細胞の上に成長していく。脱皮直前になると、体全体が、新しい外骨格から剥がれて浮いた古い外骨格に覆われ、白くなる。そして、脱皮が数日かけて行われる。このような、体が大きくなるための脱皮は「成長脱皮」と呼ばれる。

脱皮の後から、カルシウム塩の沈着が始まり、外骨格は硬さを増す。また、最下層の膜層の形成も脱皮の後に始まる。したがって、脱皮直後の外骨格は、柔らかく、外界からの機械的、化学的接触により損傷を受けやすい。また、体内の水分の蒸散を防ぎにくく、血リンパの濃度が変化するため、代謝を含む生理機構も異常を生じ易い。加えて、個体は動きが鈍く、ほとんど摂食しない。このような体調のときに捕食者に見つかれば恐らく命はない。このように、脱皮による成長は命がけなのである。

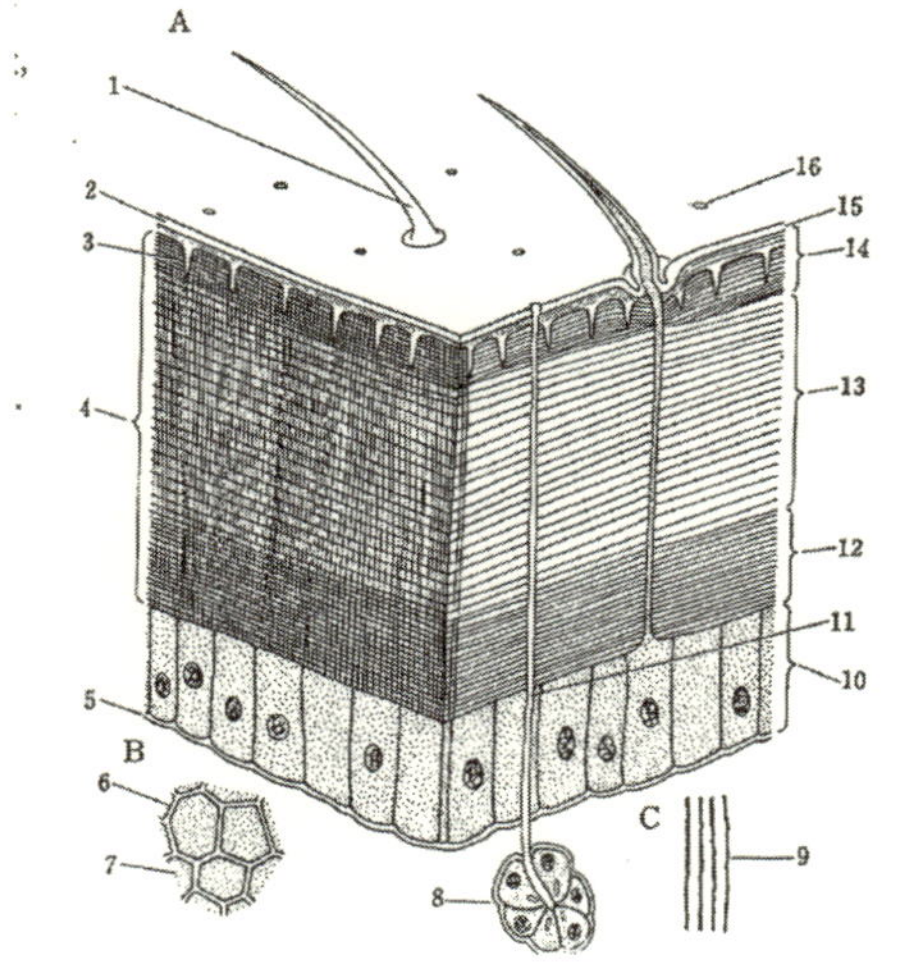

図59　甲殻類の外骨格（15:表クチクラ, 14:外クチクラ, 13:内クチクラ, 12:膜層, 10:表皮, 5:基底膜。参考資料（10）より転載）

さて、話を交尾に戻そう。

ダンゴムシ類の雌では、ある脱皮間期において、通常の脱皮間期に比べ摂食量が多くなる場合がある。このような脱皮間期は「前産卵脱皮間期」と呼ばれ、続く脱皮は「産卵脱皮」と呼ばれる。

前産卵脱皮間期は約四〇日で、前半にカルシウム塩の沈着、覆卵葉および卵巣の成長が進む。後半、新しい外骨格が作られていき、産卵脱皮の一〇日ほど前から雌の「交尾受け入れ期」が始まる。交尾受け入れ期において、雌は一匹の雄と交尾すると、他の雄を受け入れなくなる。

交尾行動の詳細は、種によって異なるが、概ね前述のコシビロダンゴムシの通りである。雄は生殖口から排出される精包を雌の腹側の生殖口へ移す。クチクラでできた鞘である精包はドーナツ状になり、雌の「受精嚢」に貯蔵される。

交尾受入れ期が終わり、雌が産卵脱皮を行うと、その胸部腹側に覆卵葉が現れる。卵は排卵時に受精嚢内の精包のドーナツの輪をくぐる。このとき、輸卵管周囲の筋肉が収縮して精包へ圧力をかけ、精子が卵へ射出され受精がおこる。こうして、受精卵は覆卵葉と腹板で囲まれた「育房」に産みおとされる。

受精卵は幼生であるマンカが孵化するまで育房内で一〇~数十日間保持される。孵化したマンカは数日間育房内に留まった後出現する。オカダンゴムシでは、一回の出産で平均一〇〇匹のマンカが出現する。

使われなかった精包は年間を通して貯蓄され、古い精包は奥へと押し込まれる。そのため、次の排卵の際、最も古い精包が最初に圧力をかけられ、受精の最優先権を得る。

雌の交尾受け入れ期は春先が多いが、年三回産卵が観察される種もある。ダンゴムシ類は一妻多夫なのである。受け入れ期がどのように決められているのかは明らかになっていない。

オオグソクムシについては、日本のいくつかの水族館で、深海から捕獲された抱卵雌が水槽内で飼育され、マンカの出現も観察されている。

二〇一三年二月一六日には竹島水族館がオオグソクムシのマンカを日本で初めて出現させた。二〇一四年八月一六日には鳥羽水族館でもマンカの出現が確認されている。報告によると、このときには二日にかけて二五匹が生まれた。これらのマンカの中には脱皮した個体もいたが、飼育は困難なようで、約一年後にはすべての個体が死亡した。雌は衰弱し、出産翌日に死亡した。日本ではこれらの例も含め、現在私が知るかぎりで、竹島水族館で二例、鳥羽水族館で一例、沼津港深海水族館で一例の合計四例のマンカ出現報告がある。

私の研究室で飼育された一匹のマンカは、一か月ほど元気に生活したが、ある日成体に食べられてしまった。小さな脱皮殻が確認されたので、おそらく脱皮後の体が柔らかいときに食べられてしまったのだと推測される。成体でも、脱皮後他の成体に襲われることがしばしばある。

この脱皮後の共食いの傾向は、ダンゴムシでも同様に観察される。脱皮後、柔らかい体表のクチクラ層が硬くなるまでの間、何らかの物質が放出され、それが空腹の他個体の食欲を刺激する可能性がある。水槽中に身を隠す場所を設けると、脱皮個体が襲われる確率が減るかもしれない。

ちなみに、甲殻類の卵は一般に球形または卵円形である。精子の形状は球形、楕円形、糸状、突起を備える等多様で、ウミホタルなどの貝虫類では体長の一〇倍に達する巨大精子が知られている。オオグソクムシの含まれる等脚目の精子は一般に糸状である。

性に関する一考

ところで、ここまでオオグソクムシの生殖の様子を述べた中では、彼らが私たち人間と同様、雄雌異体であることが前提だった。しかし、動物の中には、例えばカタツムリの仲間のように雌雄同体のものもいる。性のあり方は多様であり、オオグソクムシの仲間である甲殻亜門軟甲綱に属する動物は、節足動物の中では性分化に特徴があることで有名だ。軟甲類では、内分泌的性分化、すなわち「ホルモンによる性分化」のしくみがある。

一九五四年、フランスのシャルニオ・コットン（Charniaux-Cotton）は、軟甲綱端脚目のオオハマトビムシの雌雄間で生殖腺を移植する実験を実施した。その結果、雄の輸精管の末端近くに付着する内分泌器官から分泌されるホルモンが雄への分化を誘導することを発見し、その器官を「造雄腺」と名付けた[15]。その後軟甲綱に属するほとんどの目(もく)で造雄腺が確認された[16]。一方、軟甲綱以外の動物群からは今のところ造雄腺は見つかっていない。

造雄腺は、多くの種では、オオハマトビムシと同じように輸精管の末端近くに付着するが、ダンゴムシを含む等脚類では三対ある精巣の各先端に付着する（図57）。

造雄腺ホルモンの機能を調べるために、これまでに多くの種で、雌へ造雄腺を移植、あるいは雄からの造雄腺を除去する実験が実施された。その結果、端脚目のオオハマトビムシ、等脚目のオカダンゴムシやオビワラジムシなどでは性転換が観察された。[17] 採集、飼育が比較的容易なオカダンゴムシでは、造雄腺移植による性転換と、腺から分泌される造雄腺ホルモンの働きに関する研究が後述のように進んでいる。[18] また、片倉康寿氏（元慶應大学）を筆頭に、日本人研究者の貢献が大きい。

成熟したオカダンゴムシの雄から摘出された造雄腺を若い雌へ移植すると、脱皮を繰り返すに従って第一腹肢内肢の交尾補助器への変形という二次性徴の雄性化が進行する。同時に生殖器官の雄性化も進行し、本来の卵巣部分に貯精嚢が発達し、その前方には造雄腺を備える精巣が、後方には輸精管が発達する。

こうして造雄腺を移植された雌は、三〜四か月後には機能的な雄に性転換する。しかし、成熟した雌に造雄腺を移植した場合には、一部の器官の雄性化や貯精嚢、輸精管の発達は観察されるが、精巣および造雄腺の発達は見られない。また輸卵管に関しては、非常に若い雌に造雄腺を移植した場合にのみ発達が抑制される。これらの結果は、造雄腺ホルモンに対する感受性の程度、そして感受性を示す時期が器官によって異なることを示している。

一方、若い雄から造雄腺を除去すると機能的な雌へ性転換する。同じ軟甲類でも、カニやエビが属する十脚目では、オニテナガエビにおいてのみ、機能的性転換が報告されている。[19]

造雄腺の移植および除去実験の結果から、甲殻類の性分化の機構は次のように考えられている。遺伝的な雄では、まず造雄腺の基となる細胞が活性化されて造雄腺ホルモンが合成、分泌される。造雄腺ホルモンは性的両能性をもつ生殖腺の原基に作用し、雄の形態形成（精巣、輸精管、交尾補助器等）を誘導し、雌の形態形成を抑制する。一方、遺伝的雌では、造雄腺ホルモンが作られないので、生殖腺の原基は雌の形態（卵巣、輸卵管等）へ分化する。

ところで、私たちヒトにおいて、生物学的な男女の違いは、まず個体の有する性染色体の違いに由来する。よく知られる通り、男性では細胞内にある二本の性染色体の型はXとYで、女性の場合それはXとXである。

母親のお腹の中にいる胎児の性染色体がXX型の場合、原始的な生殖腺は卵巣へ発達し、腺に備わるミュラー管とウォルフ管のうち、ミュラー管が卵管と子宮へ発達し、女性外部生殖器もできる。一方、ウォルフ管は退化する。胎児の性染色体がXY型の場合、原始的な生殖腺は精巣へ発達し、テストステロンというホルモンが分泌される。するとウォルフ管が輸精管と精巣上体へ発達し、男性外部生殖器もできる。一方、ミュラー管はこのホルモンの作用で発達が抑制される。

このように、ヒトの生物学的な性差は、遺伝的な性染色体の違いだけでなく、後天的なホルモンの作用にも由来する。

以上の通り、オオグソクムシの仲間と私たちヒトは、分類上は遠縁だが、性の決定に関しては、ホルモンによって後天的に決まるという同様の機構をもつのである。なお、オカダンゴムシの性決定ホルモンは糖ペプチド、ヒトの同ホルモンはテストステロンというステロイドの一種で、両者は全く異なる物質である。

ところで、ヒトと同じ脊椎動物でも、爬虫類では、性染色体とは無関係に、孵卵期の卵に加えられる温度によって、雌雄が決まる種が多くみられる。また、魚類では、成体になった後に性転換する種が多々見られる。例えば、サンゴ礁に生息するオキナワベニハゼの成体は精巣と卵巣両方を備え、自分よりも大きな個体を見ると雌に、小さな個体を見ると雄に性転換する。[20]したがって、個体は何度も性転換する。

オオグソクムシと同じ節足動物でも、昆虫類の場合、性は個体を構成する個々の細胞ごとに決まる。例えば、キイロショウジョウバエでは、各細胞の性は、それが含む性染色体のX染色体と常染色体の数の比によって決まる。この比の情報によって各細胞は異なる性をもつ体細胞、神経細胞、生殖細胞になり、個体の性は、それらの細胞の総体として表現されるのである。したがって、例えば体細胞分裂の際、染色体数の異常が生じると、体の一部は雄、他の部分は雌という「モザイク個体」が生じる。

このように、動物における性は不安定である。これを知ることは、私たちヒトの性も決して安定とは言えないということを再考させるという点で有意義だ。

ヒトの性には「生物学的性」と「社会的性」があり、前者は不変だが後者は変わり得る、というありきたりの通念を再確認するのではなく、生物学的にも、人間の性は不安定だと考えるのが自然なのではないかと思うのだ。もちろん、ある男性の体の中に突然卵巣が出来始めるということはないであろう。しかし、ある男性の気持ちに変化が生じ、女性のように振る舞うようになり、女性と結婚して子供をもうけるという考えがなくなってしまった場合、その人を、機能的に男性だと言う必要はないのではないだろうか。彼にはきっと、表情や体型の変化等、性徴の変化も生じるだろう。このような、気持ちの変化による性転換の可能性は、ヒトの性分化がホルモン支配を受けるという後天的側面を備える以上、だれにでも潜在すると思われる。

前述のオキナワベニハゼの視覚情報による性転換にもホルモンが関わる。この動物では、前述の通り、小さな他個体を見た雌は雄に性転換する。逆に、大きな他個体を見た雄は雌になる。では、大量の小さな雌と一緒に長期間飼育された雄はどうなるのだろうか。

相手が大きい小さいというサイズの判断に絶対的な基準などないだろう。むしろ、小さそうな相手には自分が強いような、大きそうな相手には自分が弱いような気分、と言ってよいような感覚が関わるだろう。大量の小さな雌が集団でいるとき、雄は大きさを比較する他個体として、どの雌を選べばよいのか迷うだろう。そのうち、「集団の大きさ」にふと気づけば、自分のほうが弱そうだという感覚が生じるのではないだろうか。そのような雄は、雌へ性転換するかもしれない。

雌雄を生物学的、社会的に規定することは可能である。しかし、雌雄は各個体が決めている側面ももつ。それは、雌雄は各個体に共存していることを意味する。だから、それらは個体の一生の中で入れ替わったり、両方が現れたりすることが、ごく自然にあるだろう。

神経

では、本章の最後に、神経系をながめてみよう。

オオグソクムシの含まれる節足動物の神経系は、私たちヒトと同様に「中枢神経系」と「末梢神経系」から成る。ヒトの場合、中枢神経系は脳と脊髄から構成される。抹消神経系は、体性神経系と自律神経系から構成される。以下、私が、その明解さから大変気にいっている『脳単』[21]か

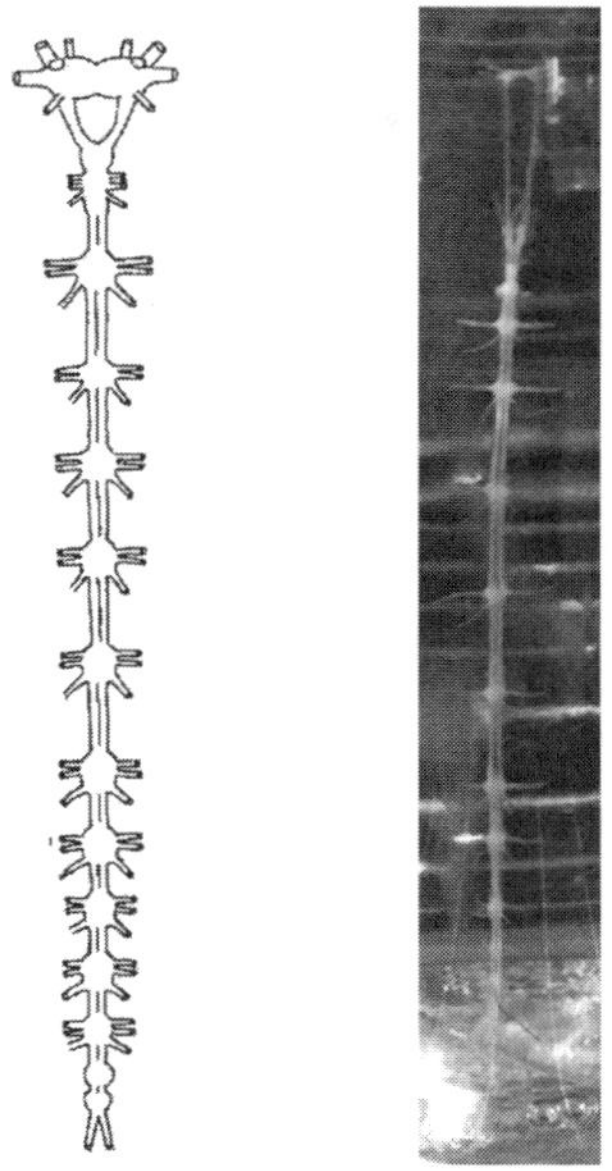

図60　オオグソクムシのはしご状神経系の概略図（左：Yoko F.-Tsukamoto, Kiyoaki Kuwasawa. Journal of Experimental Biology 206, 431-443, 2003 より転載）とその標本（右：黒川研究室作成・所蔵）

ら抜粋して説明してみよう。

体性神経系は全身にくまなく行きわたり、意志による随意運動や感覚を司る。一方、自律神経系は内臓や血管、腺に分布し、生存のために基本的な機能である循環、消化、排泄等を、無意識に調節する。自律神経系のうち、交感神経は緊張、興奮時に働く神経で、体を活発化し、運動に適した状態にする。例えば、心拍数増加、気管支拡張、消化器の機能抑制、血圧上昇などをもたらす。これに対し、副交感神経は、平常時やリラックス時に働く神経で、活動の準備に関わる。例えば、心拍数減少、気管支収縮、消化液の分泌、消化管の蠕動（ぜんどう）、血圧降下などをもたらす。

オオグソクムシの場合、中枢神経系は、各体節に備わる「神経節」と、それらを繋ぐ二本の「縦連合」から成る「はしご状系」である（図60）。ヒトの場合、神経節は神経細胞が集まって塊になっている部分であり、交感神経節はその代表である。交感神経節は脊柱（背骨）の両側に縦に並び、脊髄から出た神経はこの神経節に入り、ここで神経細胞を切り替えて内臓や血管、皮膚へと分布する。オオグソクムシでは、神経節は、神経細胞の細胞体が集まる「表層」と、そこから伸びる樹状突起が互いに連絡してシナプスを形成する「神経叢（そう）（ニューロパイル）」から成る。縦連合は軸索から成り、信号を伝達する。体節毎の神経節のうち、第一から第三節は消化管上において脳（食道上神経節）を構成し、後続の対は消化管の下を走る腹髄となる。

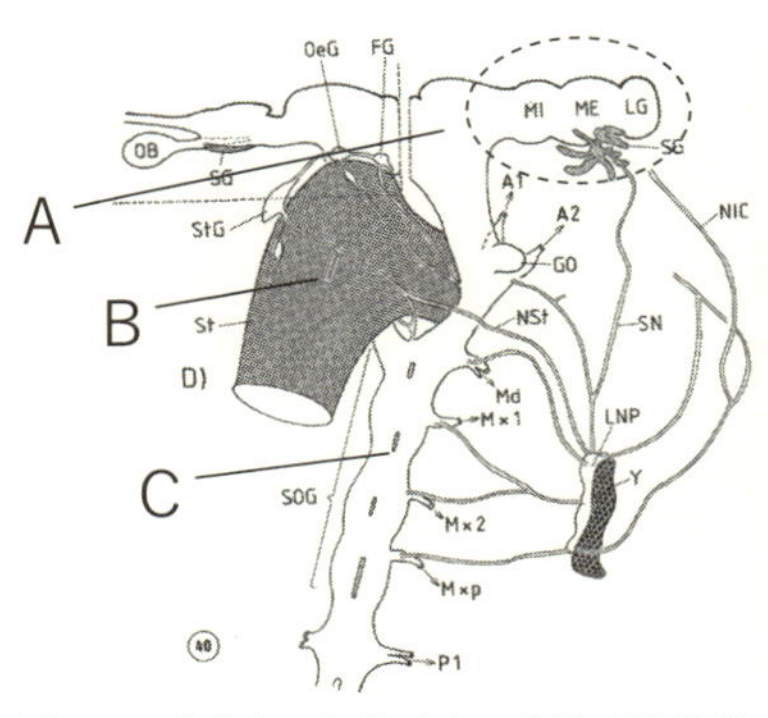

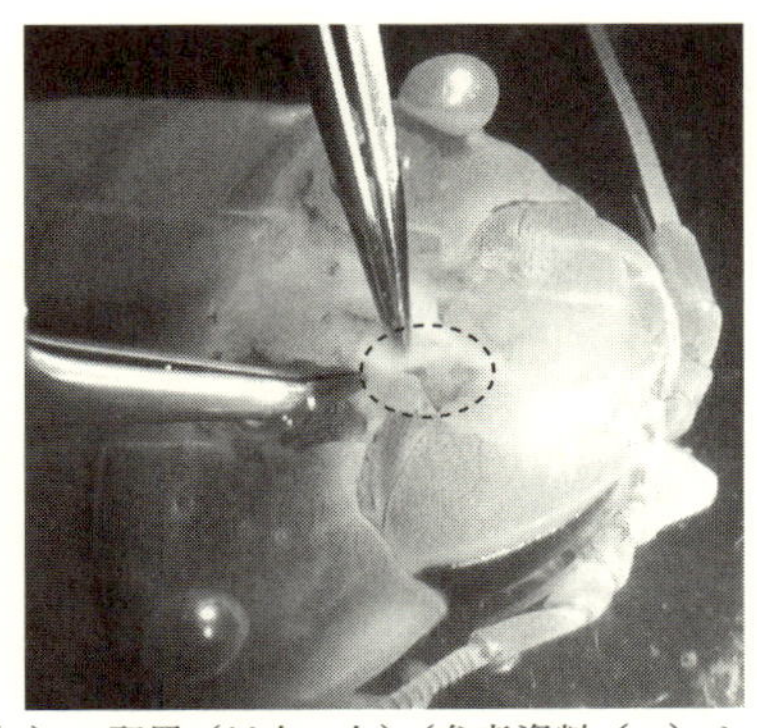

図61　脳（A），食道（B），食道下神経節（C）の配置（以上、左）（参考資料（12）より転載）と生体の脳の一部（右：田中浩輔氏による手術の様子。破線円内が、左図の破線円内の部分）

脳は、食道を環状にとり囲む囲食道縦連合により、咽頭の両側を通り食道下神経節へ繋がる（図61）。すなわち、ヒトの脊髄に相当する腹髄を、食道が貫いているのである。神経節は体節ごとに一対あり、縦横の連鎖によって結ばれるが、体制の高度化につれて全神経系の集中化が生じる。例えば、甲殻類、クモ型類では左右の神経節が接着、あるいは前後で融合する。脳もその一つで、「合脳」と呼ばれる。

合脳としての脳では、複眼へ神経を送る第一体節の「前脳（protocerebrum）」が、第二節に属し第一触角に神経を送る「中脳（deutocerebrum）」と緊密に融合し、さらに第二付属肢に神経を送る後脳（tritocerebrum）が腹側より接合する。

脳内には数種の神経叢があり、複雑な情報処理を担っている。昆虫では脳がよく研究されており、神経叢のうち、「視葉」は視覚情報の処理、「キノコ体」は匂いの学習や記憶の形成などに関係していると考えられている。[22]

脳に続いて大きな「食道下神経節」は、口器に神経を送る三つの神経節、すなわち大顎節、第一、第二小顎節の神経節が合一して形成される。大顎以降の肢は腹髄神経節の支配を受ける。消化管の下を走る腹髄の各神経節は、所属する節の付属肢に神経を送る。興味深いことに、肢が退化するときには神経節も委縮するそうだ。

高等甲殻類の交感神経系は前部と後部からなり、前部は食道、胃、中腸腺、心臓などに神経を送る。咽頭前部にある不対の上唇神経節、その前背部に位置して下等甲殻類にはない胃食道神経節、さらには食道神経縦連鎖の下側にある二対の内臓神経節は、内臓神経網を形成し、脳と連結する。後部の系は最後端の腹部神経節から始まり、中腸、後腸に分布し、内臓神経網を作る。

このように、オオグソクムシは、中枢神経、そして、交感神経も有する。それは、私たちヒトのように、緊張したり驚いたりする（中枢神経の働き）と、冷や汗をかいたり鼓動が高まったりする（交感神経の働き）ことがあることを示唆する。実際、前出の田中浩輔氏らは、オオグソクムシは、強い振動や光を与えられると、心臓の鼓動を数秒間も止めてしまうことを、実験によって明らかにしている。[23] そのとき、オオグソクムシは「ああ、びっくりした」と思うのであろうか。

第三章　研究——オオグソクムシ・フリークたちの足跡

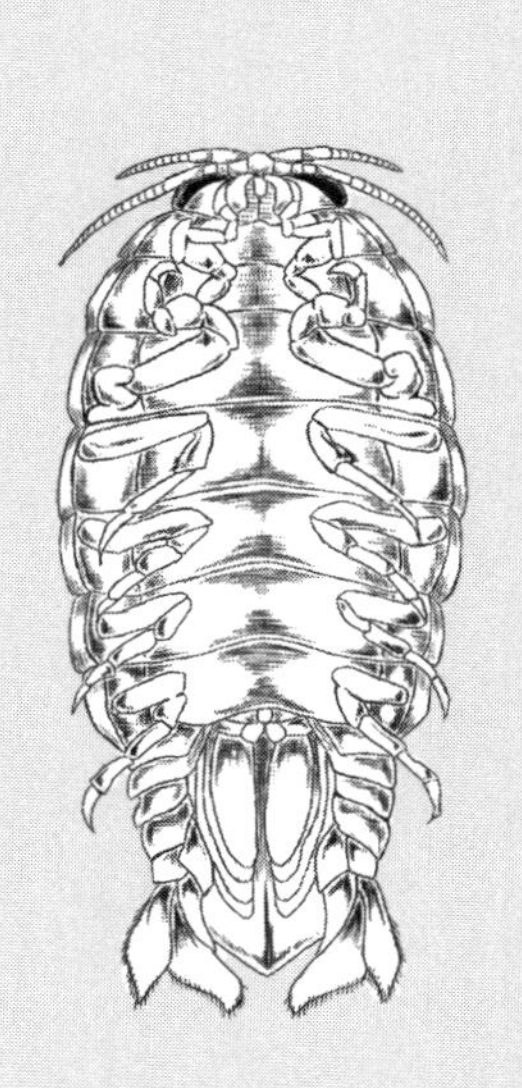

ここまで、オオグソクムシのフォルム、そして内臓を眺めてきた。教科書的知識に触れることにより、みなさんの彼らに対する好奇心はアップしたのではないだろうか。

そこで、さらにオオグソクムシを好きになるために、以下では、オオグソクムシに関連する研究内容を、主に学術論文の内容を詳述しながら紹介する。オオグソクムシの研究者。それはとりもなおさずオオグソクムシに惹かれた人たちとも言える。研究者の多くは、みなさん同様、そのフォルムに惹かれただろう。ただし、研究者は、どうしても、そのフォルムをもたらす背景、すなわち、生態（世界のどこに分布し、どのように過ごしているのか）、生理（消化や循環系等）、祖先（化石）、そしてフォルムがつくりだした機能、すなわち行動までも追求してしまう生きものなのである。

では早速、そんなオオグソクムシ・フリークたちの研究を、その歴史を皮切りに紹介していこう。

歴史

オオグソクムシ属の中で最初に論文に記載された種は*B. gianteus*すなわちダイオウグソクムシ（大王具足虫）である。記載したのはフランスの動物学者アルフォンス・ミルン＝エドワール（Alphonse Milne-Edwards）で、一八七九年のことだ。標本は一八七八年一二月にメキシコ湾で捕獲された体長二二六ミリメートルの未成熟雄である。[24] ただしその論文に標本の図はなく、姿が最初に公になったのは、アンリ・フィロル（Henri Filhol）の著した『海底の生命（La Vie Fond Des Mer）』の中である。一八八五年初版のこの本の改訂版は現在でもペーパーバックの本として販売されている。また、トロント大学が初版のデジタル版をインターネット上で公開しているので、その記念すべき図を見ることができる（図62）。

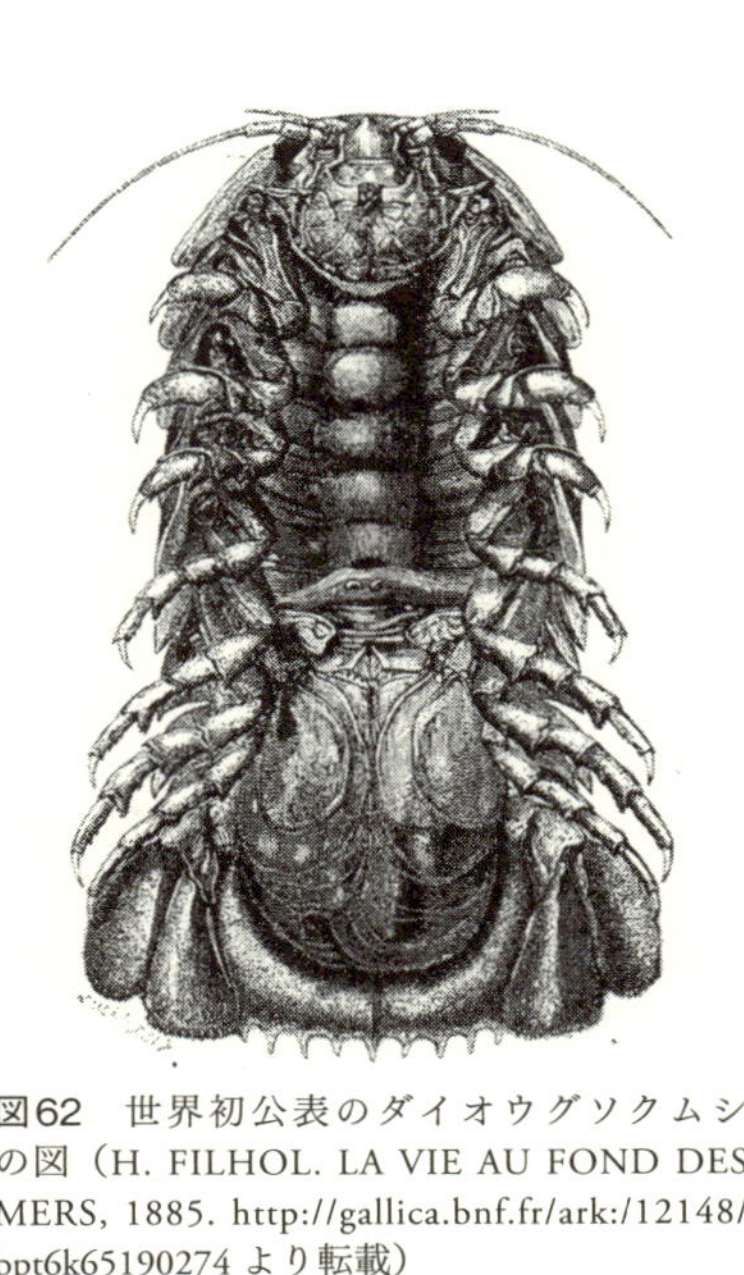

図62　世界初公表のダイオウグソクムシの図（H. FILHOL. LA VIE AU FOND DES MERS, 1885. http://gallica.bnf.fr/ark:/12148/bpt6k65190274 より転載）

腹側が描かれたその図において、腹部中央に雄性生殖器である二つの生殖突起が明確に見られるが、腹肢中に交尾補助器が認められないので、この個体は未成熟の雄である。

そして、二番目に記載されたのが*B. doederleini* すなわちオオグソクムシである。記載したのはアメリカの動物学者アーノルド・オルトマン（Arnold Edward Ortmann）で、一八九四年のことである[25]。タイプ標本は、ストラスブール動物学博物館（当時ドイツ、現在フランス）が所蔵するデーデルライン・コレクションの中の大小二つの標本である。

これらの標本は、ドイツの動物学者ルードヴィッヒ・デーデルライン（Ludwig Heinlich Philip Doederlein）によって日本の相模湾に面する江の島付近の海域で採集されたものから作製された[26]。オルトマンは、デーデルラインの功績に敬意を表してその名前を種小名へ織り込んだのだ（種小名デーデルライニ *doederleini*）。ある動物がオオグソクムシであるかどうかを根拠付けるタイプ標本は、実は日本産であり、遠くフランスの地で大切に保管されているのである。

ところで、デーデルライン（一八五五〜一九三六）は日本の動物学の発展に貢献した学者の一人である。明治一二年（一八七九年）から一四年（一八八一年）の期間、東京大学医学部で博物学教授を務めた、いわゆるお雇い（御雇）外国人である[26]。お雇い外国人は、幕末から明治にかけて、「殖産興業」などを目的として、欧米の先進技術や学問、制度を輸入するために雇用された外国人で、江戸幕府や諸藩、明治政府や府県によって官庁や学校に招聘された。

彼は滞在最後の年（明治一四年）、江の島から三浦半島南端の三崎近辺にかけての相模湾で精力的に調査を行った。きっかけは江の島の売店で売られていた海産物製の土産物（貝細工や標本等）の多様さと貴重さに感銘を受けたことのようで、「江の島を訪れて全ての土産物屋を徹底的に探しまわるならば、一流の博物館に陳列することができるほどの海産物コレクションをかなり短期間で整えることができよう」と述べている。[26] 彼は漁師を雇い、自ら網を投げて相模湾の東部を徹底的に調査し、その動物相の豊かさを明らかにしたとともに、標本を良好な状態でヨーロッパへ送った。

私自身がオオグソクムシを初めて見たのは、彼が日本を去ってから一三〇年ほど後の二〇〇七年であった。場所は奇しくも江の島を臨む新江ノ島水族館であった。

分布

世界

オオグソクムシ属は世界のどこに生息しているのか。この疑問に対する答えは、研究者だけでなく、この動物を害獣として忌み嫌う漁業関係者にとっても有益だ。以下では、この動物が世界、そして日本のどこに分布するのかを、その調査方法と合わせて紹介しよう。

前出のローリーらがまとめたオオグソクムシ属の最新の世界分布図は図63の通りである。オーストラリアのグレートバリアリーフ沖の海底では、水深一八〇〜四〇〇〇メートルに巨大種*B.*

immanis、四〇〇〜六〇〇メートルに第二の巨大種*B. brusccai*、六〇〇〜一〇〇〇メートルに第三の巨大種*B. brucei*、そして約一〇〇〇メートルの大陸斜面に超巨大種*B. kensleyi*がそれぞれ生息する。*B. immanis*は三〇〇〜四〇〇メートルでは普通に見られるが二〇〇メートル付近では稀である。同リーフ南部のスウェイン礁沖の水深約一八〇メートルで見られる同種の大量発生は、クルマエビの底引き漁で生じる大量の混獲（陸揚げ一〇〇〇キログラム当たり九〇〇キログラム）の影響であると推測されている。

ニューカレドニア沖では、超巨大種*B. richeri*の生息のみが、水深五三〇〜六六〇メートルから報告されている。アストロレーブ湾では、*B. immanis*と*B. brusccai*の生息が、四五〇〜五〇〇メートルから報告されている。同海域一〇〇〇メートル以深では、*B. kensleyi*が生息すると推測されている。

南シナ海では、生息が不明確な*B. decemspinosus*が、南西台湾沖の水深七〇〇〜八〇〇メートルから報告されている。また、超巨大種*B. kensleyi*が、三〇〇〜一〇〇〇メートルから報告されている。

フィリピン南西のスールー海では、巨大種*B. affins*が、水深五六〇メートルから報告されており、超巨大種*B. kensleyi*が二五〇〇メートルで記録されている。この水深はオオグソクムシ属の生息記録の最深値である。日本、台湾南西、北東および東、フィリピン東の沖では、巨大種*B. doederleini*が一〇〇〜七〇〇メートルから報告されている。

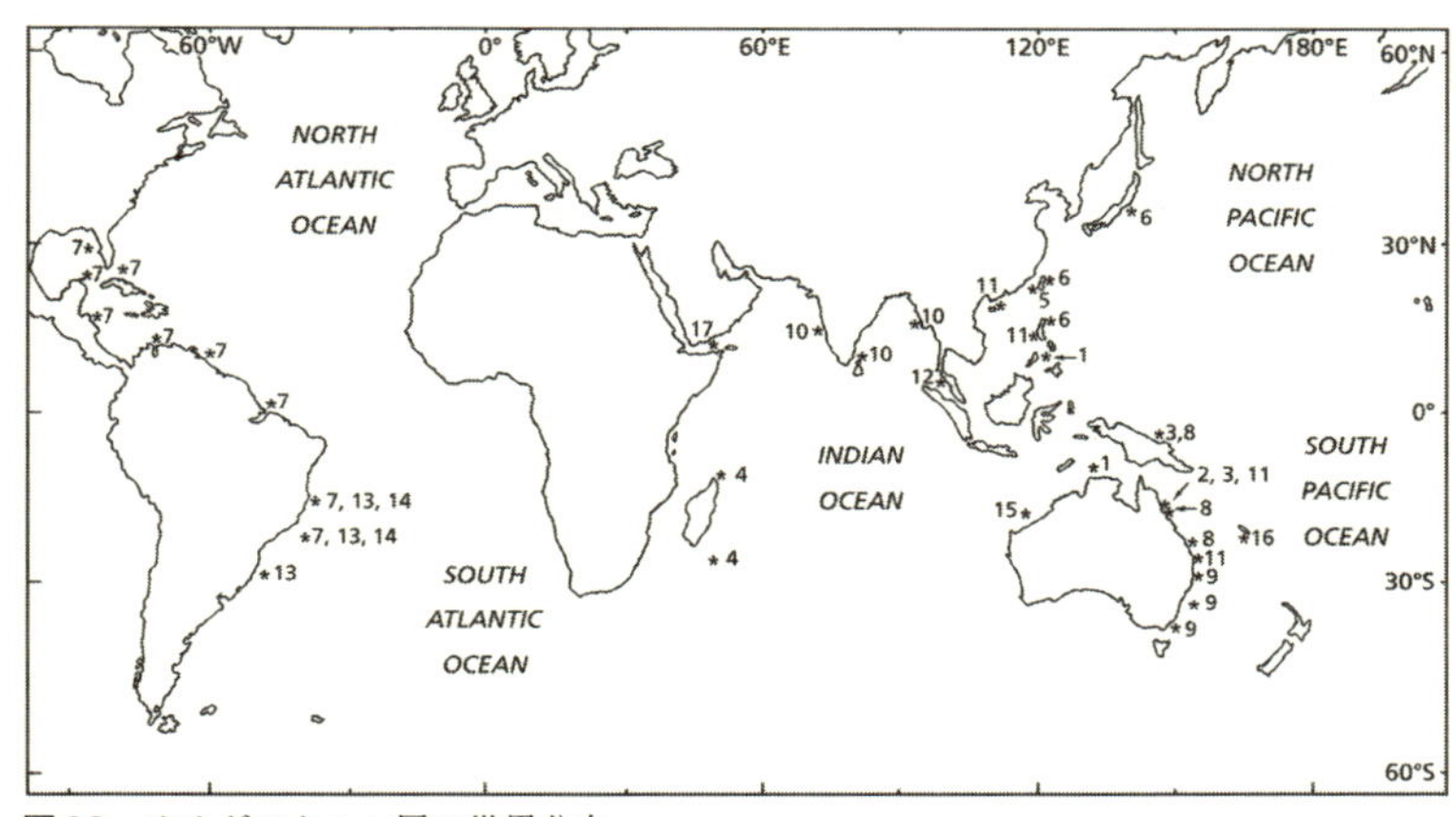

図63　オオグソクムシ属の世界分布

1. *B. affinis*, 2. *B. brucei*, 3. *B. bruscai*, 4. *B crosnieri*, 5. *B. decemspinosus*, 6. *B. doederleini*, 7. *B. giganteus*, 8. *B. immanis*, 9. *B. kapala*, 10. *B. keablei*, 11. *B. Kensleyi*, 12. *B. lowryi*, 13. *B. miyarei*, 14. *B. obtusus*, 15. *B. pelor*, 16. *B. richeri*, 17. *B. sp.* (参考資料（3）より転載)

インド洋では、巨大種は知られていない。超巨大種の*B. lowryi*が東アンダマン海、*B. keblei*がインド沿岸沖の水深四〇〇～一三三〇メートル、そして*B. crosnieri*がマダガスカル沖の一五〇～七〇五メートルからそれぞれ報告されている。

メキシコ湾では、超巨大種*B. gigunteus*のみが、水深二〇〇～一八〇〇メートルから報告されている。この種の北限記録は、一九八五年アメリカのジョージア州（北緯三一度）沿岸沖の水深七七五メートルで捕獲された体長四五〇ミリメートルの個体で、これは合衆国東岸からの初記録である。

ブラジル沿岸沖では、二種の超巨大種、*B. gigunteus*と*B. miyarei*、および、より小型の巨大種*B. obtusus*が、水深二三〇～八四〇メートルから報告されている。*B. miyarei*は、沿岸に沿って、赤道付近から南緯約二九度の範囲の水深二〇〇

〜八〇〇メートルから報告されている。*B. obtusus*は南緯約一四〜二〇度の範囲の水深二三〇〜八五〇メートルから報告されている。*B. giganteus*は沿岸沖南緯約二一度の水深八〇〇メートル以深から報告されている。ブラジル、リオ・セアラ沖からの近年の採集では、五〇〇ミリメートルの最長個体が含まれている。

インド洋、マレー半島西部のアンダマン海、南シナ海、そしてフィリピンから知られているすべての種は底引き漁で採集されているが、これらの水域の大陸棚と斜面においてより多くの種を探し、垂直分布を得るためには、より正確な情報が得られる罠漁（トラッピング）が必要である。なぜなら、底引き漁では網を船で引っぱりながら、海底の獲物を総ざらいしていくので、採集された動物がどこに生息していたのかはわからなくなるが、罠の場合、それを仕かけた場所は、正確に記録できるからである。もちろん罠には流れないよう重りが付けられている。ちなみに私たちが参加した長兼丸の漁は、延縄式のアナゴ筒を使った罠漁だ。

現在、巨大種は日本からインド - 西太平洋のオーストラリアと、西大西洋のブラジル沿岸のみで出現している。超巨大種の*B. miyarei*と巨大種の*B. obtusus*が共存するブラジル水域を除き、巨大種は超巨大型種をその水域から立ち退かせると推測されている。

巨大種と超巨大種が共存する水域では、巨大種が大陸棚を優占し、超巨大種がより深い漸深海底（二〇〇メートル以深の海域）へその生息域を制限されているように見える。一方、メキシコ湾のように、巨大種が不在の水域では、超巨大種は大陸の斜面や棚に上がってくるのではないかと推測されている。

理由は不明だが、オオグソクムシ属は、東太平洋や東大西洋においては未だ採集の記録がない。この動物群は、西太平洋では南緯三七度（オーストラリア南東のガボ島）から北緯三五度（日本の相模湾）にかけて、西大西洋では南緯二九度（ブラジルのリオ・グランデ・ド・スル州沖）から北緯三一度（アメリカのジョージア州沖）にかけて分布している。

本属の種多様性は、インド・オーストラリアプレート上の北緯二〇度と南緯二〇度の間で最も高い。現在、最も多様性が集中しているのは東オーストラリア沖（五種）とブラジル沖（三種）の大陸棚上である。他の種は西部北太平洋と西部大西洋のプレート上に生じている。ローリーらは、インド洋と西太平洋において、深度を変えた罠漁が実施されれば、多くの種が採集され、現状の分布の認識は変わると考えている。

日本

世界での分布の解説でローリーらが述べている通り、日本近海には巨大種のオオグソクムシのみが生息している。この動物の日本近海での分布は三重大学（当時）の関口らが一九八二年に報告している。[1]

彼らは、三重県沖の熊野灘海域で、ベイト・トラップによる、本種の地理的分布と出現深度

（等深線分布）の調査を実施した。その結果、オオグソクムシは、主に水深二五〇～五五〇メートルに分布することがわかった。一方、一五〇メートルより浅い水域に設置されたトラップには、本種は全くかからなかった。これらの結果をうけ、彼らは本種を「沿岸・漸深性底生生物」として区分した。また、本種の分布は海底の地勢に依存し、その地理的分布は、日本の太平洋沿いの暖かい黒潮領域と合致すると推測した。

当時オオグソクムシ属として知られていたのは *B. affinis*, *B. descemspinosus*, *B. doederleini*, *B. giganteus*, そして *B. propinquus*（ただしローリーらによって二〇〇六年に疑問種とされた）の五種で、*B. giganteus* を除く四種はインド洋と太平洋、*B. giganteus* はアラビア海と大西洋、*B. doederleini* は北太平洋の相模湾とフィリピン海の一〇〇〇メートルに至るまでの水深から、それぞれ報告されていた。

深海生物の研究は、採集機器固有の技術的問題が原因で容易には進まず、オオグソクムシ属についても事態は同様であった。「アンカー・ドレッジ」と言われる浚渫(しゅんせつ)機や「エピベンティック・スレッド」と言われる底生生物採集器はあったものの、ごく少数の標本しか得られていなかった。カニやエビなどの、商業用底生動物採集のためのベイト・トラップの進展にともない、オオグソクムシ属の深い水深での捕獲が可能になった。ローリーらと同様、関口らは、当時既にベイト・トラップがこの動物群の生態研究に有望な技術であると述べている。

調査で使用されたトラップは二種の鉄枠製の網（網目開口は一・五センチメートル）である（図64）。

タイプⅠは二つの漏斗型開口（直径二二センチメートル）をもつプリン型、タイプⅡは一つの漏斗型開口（直径一〇センチメートル）をもつ円柱型であった。餌は使用されるまで冷凍された一〜三キログラムの傷をつけた魚であった。トラップは日中に海底へ配置され一二時間後に回収された。トラップは大陸棚と急な斜面が発達する熊野灘海域において、主に一〇〜八八〇メートルの深度に配置された。計三五のトラップからなる三セットのトラップが、日本海中央海域の深度三四〇メートルにも配置された。

採集個体群のサイズは熊野灘内の場所によって大きく変動しており、量は海底の地形に依存するように見えた。オオグソクムシは緩やかな斜面の海域において多く、急峻な斜面では少なかった。特に北緯三四度六分、東経一三六度四六分の水深三二〇〜四一〇メートルの領域で捕獲された一七七匹の等深線分布を見ると、主に二五〇〜五五〇メートルに分布し、一五〇メートルより浅い水域では不在であることがわかった。同様の傾向は中央日本の相模湾での採集データからも見られた。

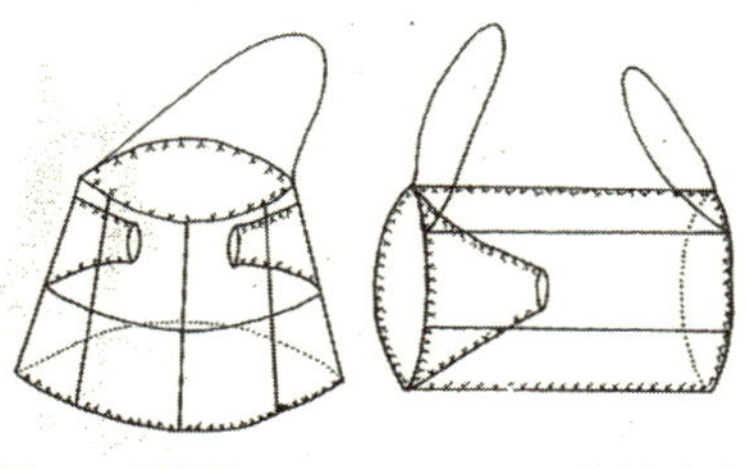

図64　採集用のベイト・トラップ（参考資料（1）より転載）

山下らは、一九七九年に、黄海と東シナ海において、底引き網による底生無脊椎動物を大量に採集した実績を持ち、東シナ海の斜面水域に位置する調査基地では、二六匹のオオグソクムシを水深二八五〜一〇七五メートルで採集した。一方、関口らは、日本海ではオオグソクムシの捕獲に成功していない。日本海では商用かご漁が発達しているが、これまでにこの動物の捕獲の報告はない。商業かご漁が盛んな北日本海、北海道周辺海域、北日本周辺海域そしてオホーツク海、ベーリング海でも捕獲の報告はない。

オオグソクムシは宮崎県沖の日向灘の水深五五〇〜七〇〇メートルの斜面水域から捕獲されている（関口への、Muchida, Miyazakiからの私信）。しかし、高知県の土佐湾沖の斜面水域からは見つかっていない。

服部らは、一九八〇年に、多くのオオグソクムシを相模湾の水深二〇〇〜一〇〇〇メートルの水域から捕獲することに成功している。彼らは、相模湾から茨城県の鹿島灘の斜面水域で多くのオオグソクムシを捕獲している。

当時、相模湾と繋がる駿河湾からは、この動物は捕獲されていなかった。また、ベーリング、オホーツク、日本、黄海、そして東シナ海の大陸棚では見つかっていないが、東シナ海から鹿島灘の斜面水域では出現している。これらの知見から、*B. doederleini*の地理的分布は、日本の太平洋岸に沿う暖かい黒潮に合致することがわかる。

ところで、関口らによれば、オオグソクムシは、水温三度未満では採餌を停止し、およそ八度で活発な採餌を始める。北日本海やオホーツク海の斜面水域、北緯三八度以北の日本の太平洋岸沿いの水域では、水温がしばしば三度未満になる。この動物の活動量の増減に関わる水温以外の環境要因に関する研究は十分とは言えないが、前述の水域におけるオオグソクムシの不在は、水温が三度未満になることに関連があると推測される。ベーリング海や黄海のような他の周辺海での不在も同様に低水温が原因であろう。

しかし、日本海における二〇〇メートル以深の海域でも冬に水温が約八度になる場所がある。オオグソクムシが日本海から排除された原因は水温の低下だけでなく、他の未知の原因の可能性もある。本種は、日本の太平洋沿岸の主に一五〇メートルより浅い大陸棚から、また一〇〇〇メートル以深の水域からも見つからない。その理由を探るのは今後の課題である。

以下は、オオグソクムシが日本海に生息していないことに対する、私の推測である。

日本列島はその昔、ユーラシア大陸の一部であった。しかし、二〇〇〇万年ほど前に、フィリピン海プレートの沈み込みによってユーラシアプレートが引き延ばされ、日本列島の乗っている地塊が分離して南下を始めた。このときにユーラシア大陸と地塊の間にできた海が、日本海である。後述の通り、北陸地方の地層からオオグソクムシの化石が産出しているので、太古の日本海にはこの動物が生息していたはずである。ただ、今から約七万年前から始まり一万年前に終わった最終氷期のとき、海面がほとんど酸欠状態になり、海洋生物が絶滅した。[27] したがって、日本海における現存の海洋生物のほとんどは、その後周囲の海から移入してきたものの子孫ということになる。

太古のオオグソクムシは、最終氷期に滅んでしまったのではないだろうか。では、なぜその時期以降移入してこなかったのか。それ以降の日本海の深海は、冬のシベリアからの冷たい季節風によって冷やされた表層水が沈み込んでできた、日本海固有水といわれる、水温一度以下の冷たい深層水である。[27] 周辺海域のオオグソクムシは、前述の通り、水温三度未満では採餌活動できないため、この冷たい日本海には移入できず、現在に至っているのではないだろうか。

循環系

続いては、日本の研究者を中心として進展した、循環系の研究を紹介しよう。

オオグソクムシを含む甲殻類の心臓は、私たちヒトの心臓と同様、筋肉でできている。ヒトの心臓の拍動はこの心筋自体によって生み出されるが、甲殻類の心拍は、心臓の中にある神経の集合体、神経節によって生み出される。これら「筋原性」、「神経原性」の心臓の仕組みを知り比較することは、心臓という器官の進化の過程を知る上で大変重要である。オオグソクムシの心臓は比較的大きいので扱いやすい。また、個体の生命力は強いため、手術によく耐える。そして、すでに述べた通り、彼らは漁網に多量にかかり、漁業の観点からは害獣である。これらの点でオオグソクムシは神経原性心臓の研究のよい材料なのだ。

オオグソクムシの心臓は私たちのものとは違って背側にあり、胸部後方の第六胸節から腹部後

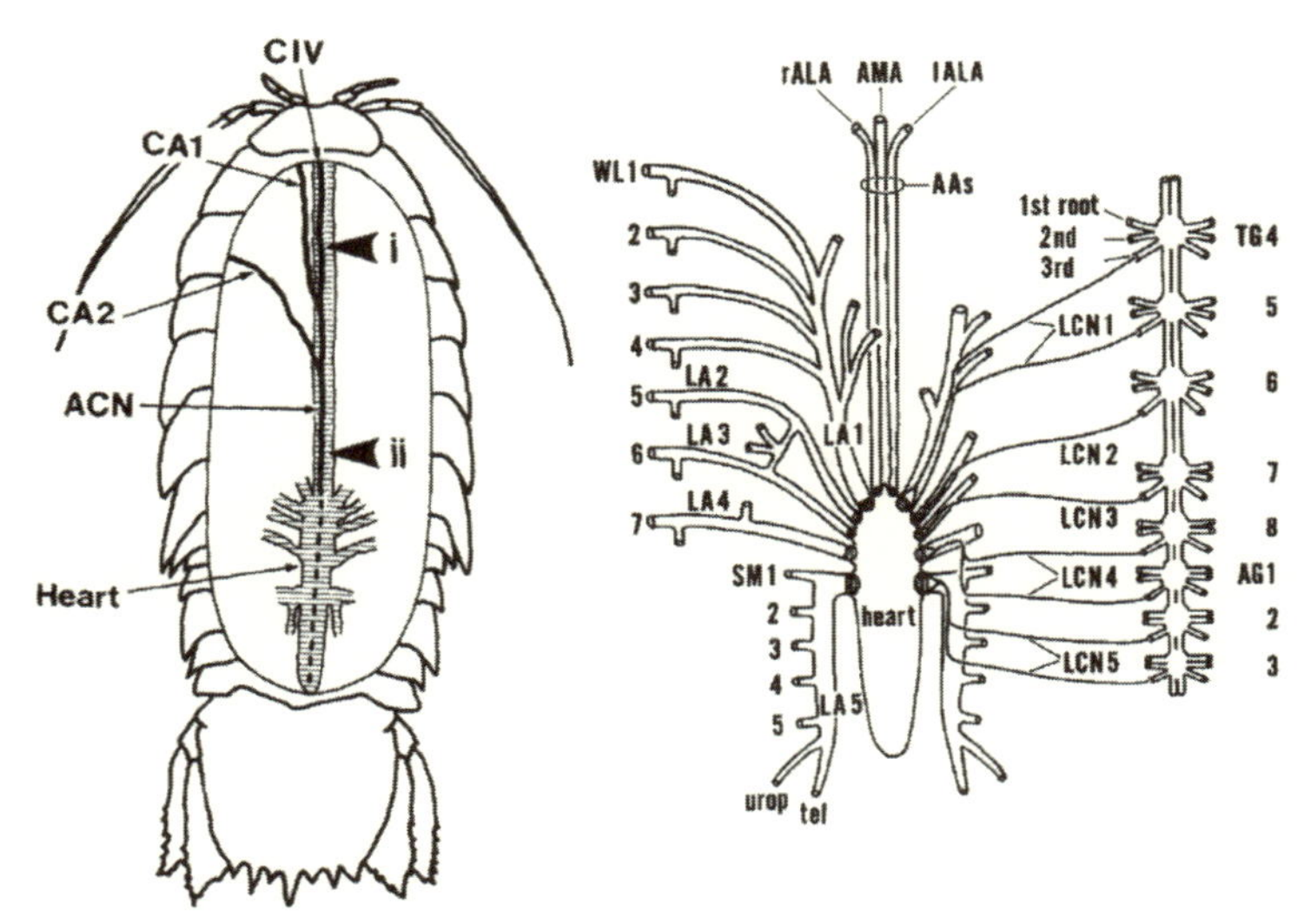

図65　心臓の位置（左：Heartの部分）(参考資料（31）より転載）とその詳細（右：heartから伸びる13本の管は動脈で、血液は胸脚 (WL1から7) や遊泳肢 (SM1から5) 等へ供給される。細い8本の実線は腹髄の神経節 (TG4から8とAG1から3) と動脈弁の連絡）(参考資料（34）より転載）

端にかけての中軸に横たわる（図65）。彼らの心臓は、私たちの心臓のような心房や心室といった構造を持たない、体の前後に細長い単純な管で、後ろ側が閉じている（図65）。大きさは、大型個体で長さ約三五ミリメートル、直径五ミリメートル程度である。第七胸節背板の中軸の幅五ミリメートル程度の部分をメスと解剖ハサミを用いて剥がし、ピンセットと鉗子で筋肉や脂肪組織を少しずつ除いていくと、やがて心臓に達する。同様にその前後の背板と組織を少しずつ除くと心臓の全体が現れる（図66）。

心臓からは計一三本の動脈が伸び、それぞれ枝分かれして標的器官へ至る（図65）。心臓前端から前方へ伸びる三本の「前行動脈」のうち、大動脈と呼ばれる中央の動脈は、脳の上を通った後、腹部側へ曲がり、食道を囲んで下降し、腹板動脈となって腹髄の下を腹部まで走る。残り二本の前行動脈は胃の前端でそれぞれ左右へ分岐する。

心臓前部の両側から伸びる五対の「側行動脈」のうち、第一側行動脈は第一から第四胸脚、胃、中腸腺および生殖器へ、第二側行動脈は第五胸脚、胃および生殖器へ、第三側行動脈は第六胸脚、中腸腺および生殖器へ、第四側行動脈は第七胸脚および後腸へ、第五側行動脈は腹肢、腹尾節および尾肢へそれぞれ至る。各動脈は前述のそれぞれの標的器官へ至るまで枝分かれを繰り返し、最終的には毛細血管のような細い管になる。

動脈の中にはヒトの血液に相当する血リンパ（ヘモリンフ：hemolymph）が流れている。細くなった動脈の先端は切り放しになっていて、血リンパはそこから体腔へばら撒かれ、各標的器官の組織へ栄養や酸素を与え、老廃物や二酸化炭素を受け取る。このようなばら撒き型の循環系は「開放循環系」と呼ばれる。

一方、私たちの循環系は「閉鎖循環系」で、血液は標的器官へばら撒かれるわけではない。肺で酸素を取り込んだ血液は心臓から送り出され動脈中を流れて各器官へ至る。動脈の先端は毛細血管となり、静脈の毛細血管と繋がっていて、血液はばら撒かれることなく静脈中を流れて心臓へ戻って行く。動脈血中の栄養や酸素は毛細血管の管壁を通って各組織へ与えられ、組織液中の老廃物や二酸化炭素は管壁を通って静脈の毛細血管内へ吸収され、肺や腎臓等へ運ばれ処理され

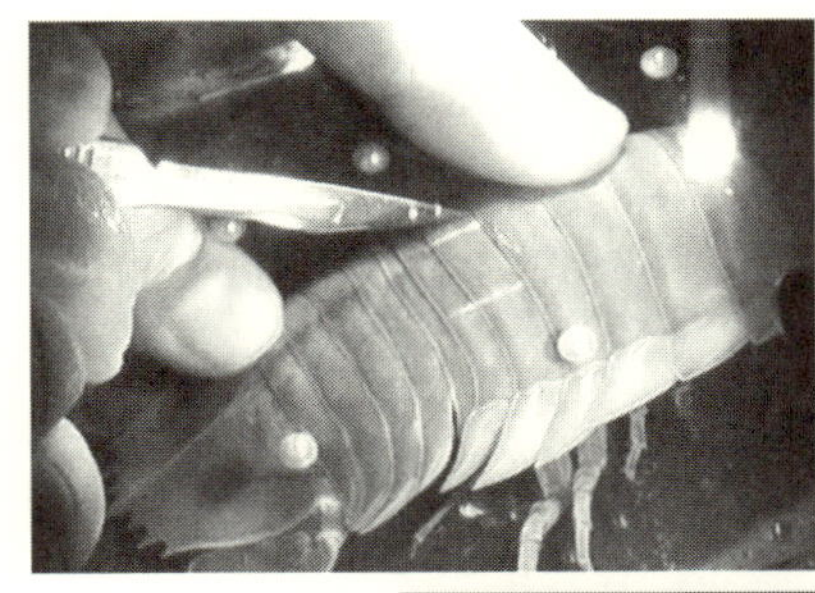
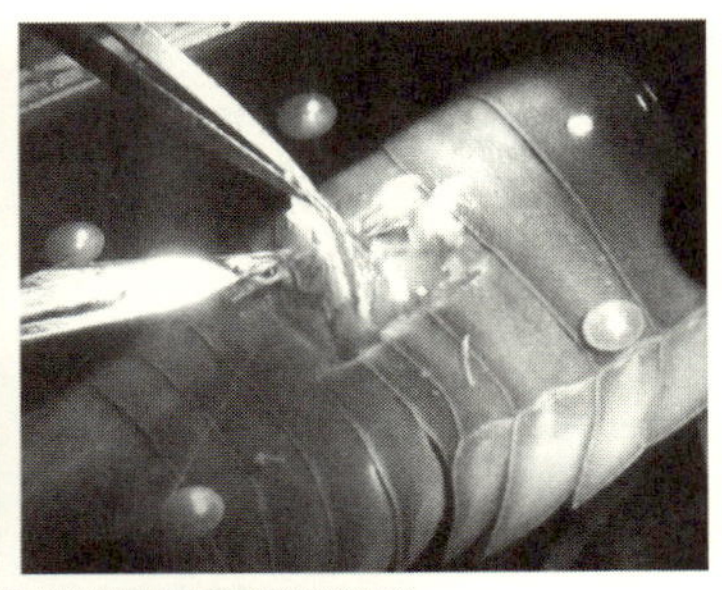
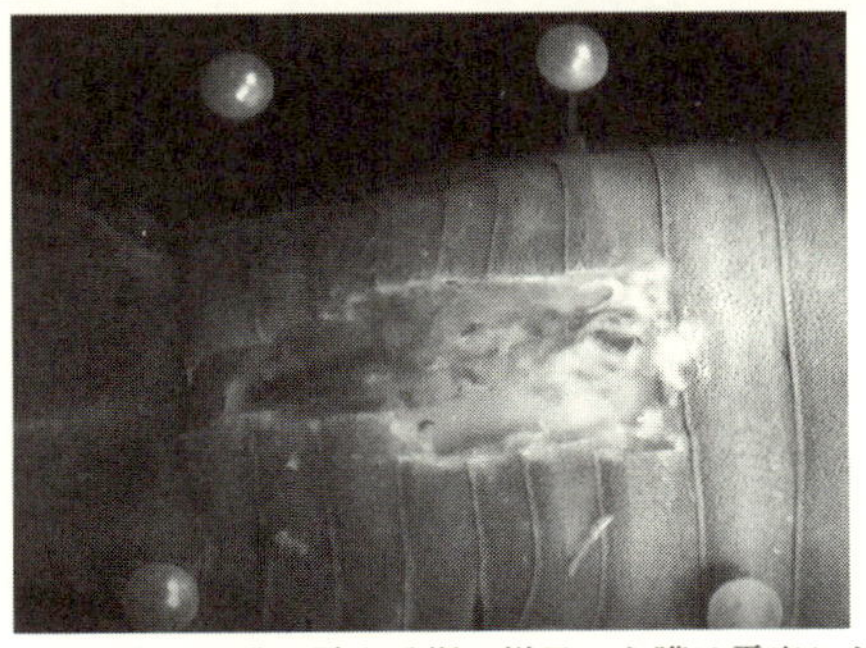

図66　田中浩輔氏による生体の心臓の露出手術の様子。心臓は露出した状態で拍動を続け、個体は数時間から1，2日間生存する。この強靭な生命力のおかげで、外界からの刺激や自身の運動が拍動へ与える影響や、逆に、拍動の自律的な変化が自身の運動へ与える影響を調べることができる。

た後、体外へ排出される。毛細血管から濾出した血漿成分や水分の一部はリンパ管で構成されるリンパ系を循環して最終的には静脈へ流入する。

　では、血リンパがばら撒かれてしまうオオグソクムシの場合、それはどのように心臓へ戻って行くのだろうか。ばら撒かれた血リンパは組織の間隙を通って体側に並行する「側部血洞」を経て「腹部血洞」へまとまり、まず腹肢へ至る。そして、腹肢に備わる鰓で酸素を取り込んだ血リンパは、「鰓・囲心腔血管」を経て心臓を囲む空間である「囲心腔」へ入り、最後は心臓の左右側面に二対ある「心門」という小孔から弛緩時に生じる陰圧によって心臓内へ回収される。要するに、ばら撒かれた血リンパは、血洞と呼ばれるすき間にたまり、スポイトが水を吸うのと同じ原理で、心臓に吸い上げられるのだ。

オオグソクムシを含む多くの甲殻類の血リンパは、酸素運搬タンパク質である「ヘモシアニン」を含む。ヘモシアニンは銅を含み、酸素と結合すると青色になり、その結合がなくなると無色になる。エビやカニを捌(さば)いても血が出ないのは、血リンパ中のヘモシアニンが酸素との結合を失ってしまって無色になるため、血(血リンパ)が見えないのであって、実際には血は出ているのだ。人間を含む多くの脊椎動物の場合、酸素は血液中の赤血球に含まれる「ヘモグロビン」に運搬される。ヘモグロビンは鉄を含み、酸素と結合すると赤色を呈し、結合を失うと暗赤色になる。前者は動脈血、後者は静脈血の色である。

ところで、心臓は血液を送り出すポンプに例えられる通り自発的に拍動する。この拍動を生み出すペースメーカーは、心筋そのもの、あるいは心臓に備わる神経のどちらかである。前述の通り、前者のような心臓は「筋原性」、後者は「神経原性」と呼ばれる。私たちの心臓は筋原性で、右心房にある洞房結節(どうぼうけっせつ)という心筋線維が反復性の興奮を自発的に発生させる。一方、オオグソクムシの含まれる甲殻類の心臓は、少数の神経細胞からなる神経節がペースメーカーの役割を果たす神経原性である。ただし、アメリカカブトエビの心臓は筋原性である。また、フナムシの心臓は成長に従って筋原性から神経原性へ変化する。

拍動を生成する神経系の構造は、貝虫類では、単一の心臓神経細胞、オオグソクムシの含まれる等脚目では、機能的に相同な複数の神経細胞が電気シナプスで結合した神経節、シャコなどの口脚類では、一部の機能が分化した神経細胞が電気シナプスで結合した神経節、カニやエビの含まれる十脚目では、機能分化した神経細胞が電気および化学シナプスで結合した神経節であり、系統によって多様性がある。

オオグソクムシの心臓と動脈の接合部には横紋筋でできた「弁」がある。この弁は一対のフラップ構造を成していて、拍出された血液が心臓へ逆流することを防いでいる。

各動脈中の血流量は、ポンプとしての心臓の拍出量によって受動的に決定される。ホースから出る水の量は蛇口の開閉によって決まるのと同じである。一方、弁は中枢から神経支配を受けており、能動的に各動脈への血流量を調節する。すなわち、動脈血流量は中枢からの指令に従って変化するのである。これは、私たちヒトにはできない技である。

研究秘話

甲殻類の心臓動脈弁とその神経支配の可能性は、アレキサンドロヴィッチ（Alexandrowicz）によって、一九三〇年代から一九五〇年代にかけて解剖学的研究で明らかにされたが[28][29][30]、その仕組みは長らく未解明であった。そのような状況下、前出の故桑澤清明先生は、オオグソクムシを用いた電気生理学的アプローチで、その解明にいどんだ。先生が始めたオオグソクムシ心臓動脈弁の神経支配の研究は、弟子である木原章氏（現法政大学）、前出の田中浩輔氏、塚元葉子氏（現羽衣国際大学）、岡田二郎氏（現長崎大学）らへ綿々と引き継がれ、多くの成果が生み出された。

桑澤先生とオオグソクムシの出会いには、次のようなエピソードがある。

甲殻類の心臓動脈弁の神経支配を探るには、動物を解剖して神経がどこをどのように走るのか、また、神経を摘出して刺激を与え、どのような機能をもつのかを調べなければならない。その場合、神経や心臓はできるだけ大きいほうが作業し易い。先生は当時、常に研究に適した大型甲殻類はいないものかと考えていたようである。そんなある日、テレビで偶然もってこいの材料を見かけたのだ。以下は、桑澤先生の研究室を引き継いだ、前出の黒川信先生から聞いた、当時の先生と木原氏（当時大学院生）の様子である。

先生「木原、昨日のテレビ見たか」
木原氏「……」
先生「どこかの漁港に、深海漁専門の漁師がいるらしい。昨日テレビで見た映像の中に間違いなく大型等脚類の動物が映っていた。探してこい！」

木原氏は、月曜日に自家用車で当てもなく漁港を探しに出かけるが、渋滞にはまり、成果なく研究室へ戻った。その報告に桑澤先生はあきれた。その後も木原氏の漁港探しは続き、なんとか三浦半島の荒崎漁港でオオグソクムシが見られるとの噂を得た。
漁港を訪れ、漁師たちにその噂について聞くと「オオグソクムシは気味が悪いので殺してい
る」とのことだった。木原氏が桑澤先生へそのことを報告すると、「実験用に酒一本でグソクを
もらう。他のものも殺してはいかん。逃がしてやれ」との指令を受けた。
後日、先生は自ら漁師へ酒を持って行き、付き合いが始まった。先生は漁船に同乗もした。船
はカニの漁船だった。エサを「かご」と言われる罠に入れ、そのかごを一〇メートルおきに海へ
投げ入れ、引き上げるのだ。これを何度も繰り返すのである。
そんなある日、先生は同乗したある漁師から「お前は（たかだか）大学教員か。オレはマグロ
漁船に乗って命を張って働いたこともあるのだ」と言われ、少々見下された。ところで、その日
は漁が進むにつれ海が大荒れになった。するとその漁師は激しく船酔いして倒れてしまった。一
方先生はまったく平気だった。そして、漁師に代わり、かご漁の作業を続けたのだ。漁師は「い
つもと全然違う揺れだったので酔ってしまった」とバツが悪そうに言い訳したと言う。
この一件で先生はすっかり船主に気に入られ、それ以降、オオグソクムシが揚がると船主は先
生へ連絡をくれるようになったのだ。後に先生は、「あのときはオレが全部やってやった。あの
漁師、しょうがねえなあ」と、笑い話として、この逸話を弟子たちへよく話したそうである。
木原氏はオオグソクムシの心臓から出る全一三本の動脈弁の神経支配を電気生理学的に調べ、

興奮性（弁収縮性）と抑制性（弁弛緩性）の両様式が存在することを明らかにした[31]。弁の収縮は当該動脈の血流量の減少を、弛緩は増大を示す。木原氏の結果は比較的単純とされる開放血管系を持つ甲殻類においても複雑な血液分配が行われている可能性を示すものであった。

塚元氏は、心臓動脈弁を支配する弁神経が、どの中枢神経節に由来するのかを解剖学的に明らかにした。また、動脈圧は、抑制性弁神系からの指令の頻度が増えるほど、増大することを確認した[32]。さらに、弁神経の遠心性活動が、動物の運動と関連していることを見出し、心臓動脈弁が、動脈血流分配において重要な役割を果たすことを示唆した[33]。

行動遂行中のオオグソクムシから弁神経の自発活動を記録し、行動と血液分配の関連の仕組みを調べる研究[34]に取り組んだのは、岡田氏であった。以下では、その研究を、氏がまとめた報告書を抜粋しながら紹介する[35]。

継承

その研究のためには、少なくとも二本の動脈の弁神経の遠心活動と、それぞれの動脈が分配する標的器官の活動を同時に記録する必要があった。様々な標本を試した結果、正中線で二分したオオグソクムシから、腹肢と胸脚の運動、および二本の弁神経の活動の記録が可能になった。このような実験が可能なのは、オオグソクムシが、半身の状態でも、歩行や遊泳といった運動を何時間にもわたって続けられるからである。

遊泳肢である腹肢の自発運動は、塚元氏が既に述べていたように、遊泳筋へ延びる動脈の抑制性弁神経の興奮と厳密に関連していた。すなわち、遊泳行動が起こると、遊泳筋への血流量が増大するという合理的な結果が得られた。一方、歩脚である胸脚へ延びる動脈の抑制性弁神経の活動は、歩脚の運動と同期するが、弁神経が興奮する場合があるものの、むしろ抑制される場合の方が多かった。つまり、歩脚への血流量は、それが活動しているにも関わらず、しばしば減少することがあったのだ。

あるとき岡田氏は、桑澤先生との議論の中で、「遊泳肢を人工的に動かしたら弁神経の活動がどうなるのか見てみなさい」と言われた。そこで、氏が、静止時は後方に屈曲している遊泳肢を、前方へ強制的に伸展すると、遊泳筋への血流を増大させる弁神経が、持続的に高頻度で活動し、歩脚への血流を増大させる弁神経の自発活動は、持続的に強く抑制された。これは、遊泳筋の血流増大と歩脚への血流減少を示すと同時に、遊泳肢の機械受容器から、弁神経へ致る経路が存在することを示唆する結果だった。つまり、オオグソクムシが歩いているにもかかわらず歩脚への血流量を減少させる経路がありそうだったのだ。

そこで、次の課題は、遊泳肢の機械受容器を同定し、そこから確かに弁神経への経路が存在するかどうかを調べることに決まった。しかし、当時、等脚類の遊泳肢の機械受容器はほとんど研究されていなかった。そこで、まずは、メチレンブルー生体染色法で遊泳肢基部の細胞を染め、機械受容器らしき細胞があるかどうかを探す作業から始まった。その結果、抹消に細胞体をもつ機械受容器らしき細胞はいくつか見つけ出されたが、それらが遊泳肢基部の伸展を検知しているという証拠は見つからなかった。

あるとき、岡田氏は、カニやエビの仲間である十脚類の歩脚基部には、「ノンスパイキング・ストレッチレセプタ」が存在するという報告を得た。ストレッチレセプタとは、その名の通り、「伸展（ストレッチ）を検知する受容器（レセプタ）」である。通常の受容器は、筋肉等の伸展を検知すると、「スパイク」と言われる電気信号を発する。そして、この信号が受容器につながっている次の神経を刺激する。これに対し、「ノンスパイキング・ストレッチレセプタ」は、スパイクを発することなく、次の神経を刺激するのだ。その形態的特徴は、末梢軸索が極めて太い点と、細胞体が中枢に存在する点であった。

改めてオオグソクムシの遊泳肢を解剖すると、それまで結合組織だと思われていた二本の繊維構造が、いずれも腹部神経根から枝分かれして遊泳肢基部へ延びていた。そして、二本の繊維構造の一方を切断すると、弁神経の反射はほとんど消失した。また繊維をパルスでなく直流で電気刺激すると、遊泳肢を伸展したときと同様の弁神経反射が引き起こされた。さらに、別の染色法により、十脚類ノンスパイキング・ストレッチレセプタとよく類似した構造も見出された。

前述の歩脚運動時における歩脚への血流量減少は、この遊泳肢機械受容器と推測される細胞が、歩脚血流を調整する弁神経に対して抑制性の信号を送り、弁を閉じようとすることによって生じる可能性がある。この歩脚血流量の抑制がオオグソクムシの生存にとって適応的かどうかは不明であるが、以下のような仮説が提案された。

一．遊泳肢は、その基部に付着している鰓の換水器官でもあるので、歩脚への血流を多少犠牲にしてでも、遊泳肢への血流が最優先される。

二．移動には主に遊泳肢が用いられ、歩脚はあまり頻繁に使用されないので、歩脚への多少の血流量減少は問題にならない。

三．弁神経が抑制されたとしても、行動時には心臓調節神経により心臓全体の拍出量が増大するので、結果的に歩脚への血流量は減少しない。

心臓動脈弁神経の機能は、内臓調節の一種であり、脊椎動物で言えば、自律神経系に分類される。ところが、実際は、遊泳肢の運動のような末梢からの自己感覚情報に素早く応じ、きめ細やかな血流分配を行う。岡田氏らの研究は、一般に原始的で単純とされる開放血管系の動物が、実は巧妙な循環系調節機能を進化の過程で獲得していたことを示す好例で、定説に一石を投じうる成果である。

成長、繁殖、栄養摂取

次に、「成長、繁殖、栄養摂取」に関する論文[36]を紹介しながら、オオグソクムシの一生を学んでみよう。

台湾の国立中山大学海洋学研究所の曹（Tso）と莫（Mok）は、オオグソクムシを一九九〇年八月から九月においてベイト・トラップで捕獲し、成長、繁殖、そして栄養摂取の特徴を調べた。当時、運動性の高い底生無脊椎動物が、深海で底生生活する動物群の動態に重要な役割を果たすという認識が高まりつつあった。大型等脚目オオグソクムシ属は、ベイト・トラップによって高頻度で捕獲される底生動物の一群を成し、これまで学んできたように、分類や地理的分布といった生態学、心臓制御の神経生理学の研究が実施されてきた。しかしオオグソクムシ属の生物学は依然わずかしか進んでおらず、その一般的な生物学と深海底環境における役割の研究が望まれていた。

この研究の手法は以下の通りである。まず、一九九〇年八月に、ベイト・トラップが日中の四時間、東港（Tungkang）（台湾南西沿岸）沖の水深三五〇メートルの海底に設置された。次に一か月後、ベイト・トラップが一〇時間以上、台東（Tairung）（台湾東沿岸）沖の水深二〇〇メートルの海底に夜間設置された。両トラップは同じタイプで、魚の切り身が餌にされた。

トラップは長さ七〇センチメートル、直径一五センチメートルの円筒型プラスティックで、表面に直径〇・五ミリメートルの穴が空けられていた。一度トラップに進入した動物が出られないよう、プラスティック製漏斗がトラップの開口部へ装着された。漏斗先端の直径は五センチメートルであった。

それぞれのトラップには、四〜一〇片の魚が餌として投入された。トラップ表面の穴を通し、餌の成分が海水中へ拡散された（このトラップは、形状、そして使い方共に、長兼丸の漁で用いられたアナゴ筒と同等と考えてよい）。トラップが回収されるとすぐに捕獲された動物がマイナス七〇度のドライアイスの中で保存され、その後実験室内のマイナス二〇度の冷凍庫へ移された。

成長と繁殖について知るため全三四五匹のオオグソクムシ標本の第一および第二次性徴が調べられ、性別が判定された。体長は、被験個体を真っすぐにし、頭部の前端から腹尾節の頂点までを計測した値とした。性が同定された約一〇〇匹の標本が、生殖腺の発育を調べるために解剖された。雌では卵数が計測された。

栄養摂取の流れを知るため消化管が口から肛門にわたり調べられた。中腸腺が三検体から摘出された。酵素の働きを調べる準備のため、中腸腺組織八グラムが一〇〇ミリリットルの脱イオン水で磨砕された。その懸濁液は遠心分離され、上清が生体の胃内と同様の水素イオン濃度5の条件下、酵素活性を検査された。

胃も三検体から摘出され、脱イオン水で内部が数回洗浄された。胃壁の栄養素に対する選択的透過性を調べるために、各検体に二％デンプン溶液、一〇％ブドウ糖溶液、両者の混合溶液がそれぞれ満たされ、開口部が強固にクリップ留めされたうえ、脱イオン水の入った一〇〇ミリリットルビーカーの中に吊るされた。脱イオン水二ミリリットルが一五分間隔でそれぞれのビーカーから採取され、胃壁からデンプンおよびブドウ糖が外部に浸透するかどうかが、それぞれヨウ素溶液およびベネディクト溶液反応によって検査された。浸水時間は九〇分であった。これらの生化学実験は室温で実施された。

また、栄養の貯蔵の様子を調べるために、十分発育した覆卵葉をもつ雌二匹の中腸腺組織の脂質含有率が調べられた。同等の体長と卵をもつ他の二匹の雌が対照に用いられた。これらの中腸腺組織は、マイナス五〇度、二四時間の真空乾燥によって脱水され、脂質が、一六〇度のクロロホルム‐メタノール抽出溶媒（体積比二対一）を用いたFolsch法によって抽出された。

結果は以下の通りである。最初に、成長に関する結果である。オオグソクムシは、特定の成熟段階の指標となる第一次、第二次性徴を発育させる。この研究では、発育段階を同定する特徴として、雌の覆卵葉と雄の生殖突起が用いられ、以下の成熟段階が観察された。

・後幼生期

一．第七胸脚はまだ発達していない（体長五・四センチメートル未満）。個体は外部形態や内部構造に基づく性別の判定ができない。

この段階の個体が「マンカ」と呼ばれる。


二．第七胸脚が出現する（体長約五・四センチメートル）。これが、成熟の前兆である。生殖突起は体長五・五センチメートルの雄において発達し始める。

成長段階は「準成体Ⅰ」である。

・雄期

一．生殖突起は発達するが精巣や交尾補助器は認められない（体長五・五〜一〇・八センチメートル）。

成長段階は「発育雄」である。


二．生殖突起、精巣そして交尾補助器が認められる（体長一〇・九センチメートル以上）。

成長段階は「成熟雄」である。

・雌期

一．目視可能な覆卵葉は存在しないが卵巣は認められる（体長八・四〜九・五センチメートル）。

成長段階は「準成体Ⅱ」である。


二．覆卵葉が第一から第五胸脚の基板のみに小さな蓋のように出現する（体長九・六センチメートル以上）。

成長段階は「発育雌」である。

三．覆卵葉は羽状構造で左右第一から第五胸脚体側から交互に組合う。
　成長段階は「成熟雌」である。

ベイト・トラップで捕獲された標本の体長分布は一様ではなかった。この非一様な分布は、オオグソクムシは、成長段階によって餌に対して異なる親和性をもつ可能性を示唆する。例えば、大部分が後期幼生である体長四・一～四・九センチメートルの標本は性的成熟へ向けた栄養取得のため激しく摂食すると推測される。しかし、二二六匹の後期幼生が台東で捕獲されたのに対し東港では体長五・三センチメートルのわずか一匹であったのは不可解である。一方、体長五・五～八・三センチメートルの標本は台東で三％、東港で一八％であった。

次に、繁殖に関する結果は以下の通りである。雄の精巣は二つの紐状構造で、消化管の上方、背側に横たわる。長い精管が精巣と生殖突起を繋ぐ。精巣は体長が一〇・九センチメートルに達するまで認められない。同時に第二次性徴である交尾補助器が出現する。

雌では体長が九・六センチメートルに達し覆卵葉が出現する前に一対の卵巣が体長八・四センチメートルから発育する。卵巣は二つの楕円の袋で、四〇～五〇個の未成熟卵と二〇～三〇個の成熟した卵黄含有卵を有する。

体長八・四センチメートルに達した雌では、卵巣と卵が視認可能になる。雄では、体長が一〇・九センチメートルになると交尾補助器と精巣が視認可能になる。性比は標本サイズが十分大きい体長八・四～一〇・八センチメートルの発育段階の値に限り信頼できる。この発育段階の標本の数が大きいのは、両性共に生殖器官を発達させるために栄養を要求し、トラップの餌に誘引される傾向があるからだと推測される。

体長一〇・九センチメートル以上の個体では、雌は雄とおそらく交尾を経験している。雌は貯蔵された脂質を成長や抱卵のためのエネルギー供給源として利用することができる。完全に発達した覆卵葉を備える雌はわずか三匹しか捕獲されなかったことから、少なくともこの成長段階での雌は、採餌の欲求がほとんど生じておらず、トラップの餌に誘引されないと推測される。ただし、これらの育房中に卵は見られなかった。

雌の体には泥が付いており覆卵葉の間にも泥が見られた。それぞれの中腸腺の大きさは、同じ体長で覆卵葉をもたない雌の中腸腺の、五分の一かそれより小さく縮んでいた。

完全に発達した覆卵葉をもつ二匹の雌における中腸腺の脂質の含有量は、それぞれ五四％と四〇％で、覆卵葉がまだ完全には発達していない対照群における値は、それぞれ六五％と五七％であった。

これらから繁殖期の雌は、捕食者からの攻撃を避けるために、この期間に底質中へ隠れ、中腸腺あるいは脂肪組織の中に貯蔵された脂質を使って生存すると推測される。また、これら三匹の雌の体長は一〇・五、一一・二、一三・一センチメートルと比較的大きく異なることから、雌は一生の内一度以上出産できると推測される。

雌は雄よりも先に、そして小さい体長で成熟して交尾に備える。深海では餌の供給量は乏しいので、成長率は雌雄に関わらず同じであると推測される。比較的長い雌の繁殖期間は、幼生の増殖を可能にすると推測される。

体長八・四〜一〇・八センチメートルの個体群において、性比（雄対雌）は台東と東港においてそれぞれ一対一・九と一対一・八であり、捕獲水域が離れていてもほとんど変わらない。ヘスラー（Hessler）らは、一九七八年に、フィリピン海溝の海底九六〇〇〜九八〇〇メートルで捕獲された端脚目 *Hirondellea gigas* の三七％のみが雄であったと述べている。この場合、雄対雌の性比は一対一・七である。これら雌が雄の約二倍という性比は、深海動物の個体群において、雌は大きな割合を占めていることを示唆する。デ・ニコラ・ジュディチとグアリーノ（De Nicola Giudici & Guarino）は、一九八九年に、大量の有毒金属のような環境圧がなければ、沿岸底生等脚目 *Idotea balthica* の性比は一対一であることを発見した。以上の結果は、餌の供給量が乏しい等、環境圧の存在下では、雄に対する雌の比率は大きくなることを示唆する。

なお、繁殖活動の季節変動に関しては、個体群の体長の分布や雌雄の比率の季節変動を参考に、同じく台湾の国立中山大学海洋学研究所の宋（Soong）と莫（Mok）が考察している。[37] 彼らは一九九〇年六月〜一九九二年二月にかけ、東台湾の水深三〇〇〜五〇〇メートルの水域において、ベイト・トラップを用いてオオグソクムシの採集を七回実施し、各個体の体長、成熟段階、そして生殖腺の発育を記録した。期間全体での採集数は二〇〇七個体にも及んだ。

報告によると、体長の分布は季節によって変動し、全体としては二八〜一三八ミリメートルに分布した。マンカは五〜九月の間に多く見られた。

十分発育した第二次性徴器官を有する成熟個体は採集された全標本の三・六％だった。明確な雄性生殖器を有する雄は、痕跡的あるいは発育した覆卵葉を有する雌のサイズ（体長八八ミリメートル）よりサイズが小さかった（体長五〇ミリメートル）。大型雌（体長一〇〇ミリメートル超）は小型雌（体長八八〜一〇〇ミリメートル）よりも発育した卵巣をより高頻度で備えていた。抱卵雌において、サイズと孵化率の間に相関（サイズが大きいほど孵化率が高い、あるいは、その逆）は見られなかった。そして、繁殖活動の季節性は見られなかった。大型個体（体長九五ミリメートル超）の性比は、一対一ではなく、雌へ偏っていた。

これまでにも述べられた通り、深海生物の研究は採集の困難さによって遅れている。また、一回の採集量が少なく、毎回の採集量の違いが大きいので、個体数の季節変動の傾向をとらえにくい。

八〇〜九〇年初頭にかけての研究では、比較的入手が容易な種の個体数変動の分析や、繁殖の通年性の有無の検討が主だった（深海のような比較的安定した環境では、繁殖が年間を通して行われることが知られている）。後者については、イギリス島西のロッコールトラフにおいて実施された徹底的な調査によって、季節性、通年性両方の繁殖が、この高緯度の深海環境における魚類や様々な無脊椎動物で確認されている。

深海における普通生物群である等脚目は、当時から大きな注目を集めていた。この動物群では、種によって繁殖の時期は異なり、季節性と通年性の両方が見られることが示唆されていた。当時、オオグソクムシに比べダイオウグソクムシの研究が進んでおり、その形態、脂質内容、ヘモシアニン、視覚生理、個体群構造、繁殖時期、腸の内容が調査されていた。一方、オオグソクムシの研究例はまだ少なかった。

この研究の結果では、オオグソクムシにおいて、卵巣の発育状態と季節の間に関連は見られず、生殖腺は季節に関わらず連続的に発育することが示唆された。一方、マンカの出現数の季節変動から、新規個体は冬に少ないことがわかった。

これらの発見から、次の二つの仮説が考えられた。

第一に、雌の生殖腺は、個体の成長と共に連続的に発達するが、卵あるいは胚の成長は、季節性をもつと推測される。内容物を含む腸の重量は最大で個体体重の八〇%にも達する。すなわち、彼らの一回の消化可能量はかなり大きい。このことは、深海生物に対し食物は低頻度でしか供給されず、ゆえに一回の機会で大量に摂食できるよう消化系が進化したことを示唆する。したがって、食物への遭遇頻度の差によって個体の成長には比較的大きな差が生じ、本来一致するはずの個体サイズと生殖腺の発育状態の関係に、大きな不一致が生じているのかもしれない。ちなみに、深海に到達する鯨の死体等の大型食物は、海面近くの有光層の一次生産（植物プランクトン等が光合成で生産する栄養）と無関係なため、食物量の変動は季節性を欠く。

成熟雌のサイズ分布は比較的広く（体長八五～一三九ミリメートル）の分布と重なりをもつ。また、卵を有する雌において、体長と生殖腺重量の間に関連はなかった。すなわち、抱卵雌の年齢の幅が広い。これらの結果は、雌は繰り返し生殖できること、すなわち、成熟雌は、幼生の放出と覆卵葉の喪失の後、再度生殖準備状態へ戻れることを示唆する。これは前述のダンゴムシの仲間と同じ性質である。

第二に、生殖腺の発達と抱卵の時期に季節性はないが、マンカの出現に季節変動があるのかもしれない。ロッコールトラフでは、様々な種の新規個体が特定の時期に、同期的に現れるという現象が、抱卵時期が大きく異なるにもかかわらず観察されている。ただし、同じ現象が種内でも生じているかどうかは不明であり、オオグソクムシのマンカが特定の季節に同期的に発生するかどうかは不明である。マンカは親から去ればその食物資源を自ら獲得しなくてはならない。マンカの季節性の放出は、獲得可能な食物資源が季節的に変動する場合には、適応的であるといえよう。

オオグソクムシの大型個体群における雌の数の優位性は、雄と雌で成長あるいは死亡率が異なることを示唆する。大きなサイズの雌ほどより多くの卵を抱くことができるだろう。しかしメキシコのユカタン半島沖におけるダイオウグソクムシでは、大型個体（体長二七センチメートル超）の多くは雄であった[38]（全五回の航行において雄雌比は九〇対九）。

性比の違いに加えオオグソクムシとダイオウグソクムシは他の点でも異なる。オオグソクムシと対比的に、メキシコ湾ユカタン半島で捕獲されたダイオウグソクムシの雌の一五~五三%は、いずれも抱卵していなかったが、機能的な覆卵葉を有していた[38]。

これらの種間で最も大きな違いは、個体のサイズに関連して現れる。ダイオウグソクムシのマンカのサイズはオオグソクムシのそれより大きい。しかし、卵のサイズは両種でほぼ同じである(一センチメートル以下)。これらは、ダイオウグソクムシのマンカは、オオグソクムシのそれより長い期間、親の育房内で過ごし、十分大きくなってから外へ出ることを示唆する[38]。

両種の標本に卵(そして幼生)を有した雌が含まれていないのは、両種の抱卵雌はそもそもベイト・トラップの餌には誘因されないことに起因するのかもしれない。

深海という低水温環境における食物の大量摂取は、消化に長い時間を要求する。また、食物貯蔵に必要な体内空間は限られている。一度大量捕食し過剰に腸が拡大すると、その消化には時間がかかる。加えて育房内で卵または幼生が成長すると、育房が拡大し、追加の食物摂取のための体内空間は確保できなくなる。その結果、抱卵雌は摂餌欲求が減少するのかもしれない。

最後に、栄養摂取に関する結果は以下の通りである。まず、構造の概説である。

一. 大顎は獲物の捕獲と同期して口を開けるための外側突起を備える。

二. 咽頭は二つのキチン質の蓋を備える。

三．三対の中腸腺が食道中に酵素を分泌し、消化速度を上げる。

四．食道は短い。

五．胃は大きく膨張でき、胃壁は薄く、消化吸収のための食物を貯蔵する。摘出された五〇標本の胃にはトラップ内の餌が満たされていた。満腹状態の個体では、内容物を含む消化管の重量は、個体の体重の八割に及ぶ。

六．胃末端部は嚢（のう）へ発達する。嚢がそれに続く後腸を刺激すると、食物の排出は妨げられる。消化管内腔は消化された食物が吸収され嚢が空になるときのみ開く。この機構は弁として機能する。

七．後腸は直腸と肛門へ繋がる。肛門は弁によって守られている。


前述のすべての構造が、おそらくオオグソクムシが沿岸から漸深海にわたる領域へ適応することを手助けする。強い大顎は獲物を小さな断片へ切断する。口は外側突起により通常閉じられているが、大顎が動くことと同期して開くことにより、切断された食物を迅速に口腔内へ導く。咽頭の二つのキチン質の蓋は、食物の逆流を防ぐ弁として機能する。袋状の短い食道は胃へ迅速に食物を運ぶ。胃末端の嚢状構造は弁として振る舞い、食物が胃で完全に消化吸収される前に後腸へ運ばれるのを防ぐ。肛門の弁は排泄を制御する。筋肉組織は消化管の配置上にないので、消化はおそらく化学的に進行し、蠕動運動などには依らないと推測される。

中腸腺はデンプン消化酵素を分泌するため、オオグソクムシは動物性だけでなく植物性の食物も消化する能力を有する。ゆえにオオグソクムシ属は雑食性と考えられる。

薄く伸縮性を持つ胃壁は栄養分を吸収する機能を持たず、栄養分は胃壁外部へ透過する。オオグソクムシのよく発達した循環系は、この栄養分を吸収するための処理機構として機能する。すなわち、胃へは豊富な量の血管が供給されており、栄養は血液によって吸収され迅速に運搬されると推測される。

栄養貯蔵は体壁の下の厚い脂肪組織層が任う。中腸腺もまた多量の脂質（四〇〜六五％）を貯蔵する。これはピーナッツバター（脂質約四九％）に匹敵する。

以上の結果は、オオグソクムシ属が沿岸‐漸深海の底生環境へ高度に適応的であることを支持する。雌は繁殖を最大化するために長い繁殖期間を有する。抱卵期間中、底質の砂泥へ潜る行動は、幼生の生存率を上げるだろう。体壁下、および、中腸腺での大量の貯蔵脂質、個体群における雌の不均一な（雄より多い）分布、トラップにおける抱卵雌の不在は、エネルギーが乏しい深海環境において繁殖の成功を最適化するための戦略の結果と考えられる。

化石

オオグソクムシの化石は多く産出している。ここでは比較的最近の報告内容を紹介しながら、オオグソクムシの古生物学を概説しよう。

小幡喜一は、埼玉県秩父郡皆野町大字大淵の中部中新統、小鹿野町層群子ノ神(ねのかみ)層から保存良好な甲殻類化石ジュウイチトゲオオグソクムシ（*Bathynomus undecimspinosus*）を三個体発見し二〇〇六年に報告した。[39] これらの化石では後部胸節、腹節、および腹尾節が保存されていた。

ジュウイチトゲオオグソクムシは、中国地方から北海道南西部の下部中新統最上部から中部中新統下部の地層より報告され、腹尾節後縁に一一本の棘をもつと記載されていた。しかし、これまでの標本の棘数にはばらつきがあった。今回発見された化石のうち一個体は、腹尾節後縁の棘の五対目が微小で、一一本と九本の中間的な標本である。これをもとに、腹尾節後縁の棘の数は一一本または九本であると再定義された。

ちなみに、古生物学や地質学では、各地質時代の地層の呼び方にルールがある。例えば、よく耳にする「古生代、中生代、新生代」といった「地質時代」の「地層」は、それぞれ「古生界、中生界、新生界」と呼ばれる。「代」はさらに「紀」に分けられる。例えば、白亜紀、新生代第三紀、第四紀などを聞いたことがあるだろう。これらの地層は、「白亜系、第三系、第四系」と

「系」で呼ばれる。「紀」はさらに「更新世、中新世」といった「世」に分けられ、それらの地層は「更新統、中新統」と「統」で呼ばれる。さらに、「世」は前期、中期、後期などに区分されることがある。そして、各々に対する地層は「下部」、「中部」、「上部」と呼ばれる。そのため、前期中新世の地層は「下部中新統」、中期中新世、後期更中新世は「中部更新統、上部更新統」となる。

オオグソクムシ属の化石はヨーロッパ、北アフリカ、北アメリカ、オーストラリア、日本から報告され、上部トリアス系までさかのぼる。トリアス紀は約二億五〇〇〇万年前から約二億年前まで続いた地質時代である。「三畳紀」という名前の方がなじみがあるかもしれない。この紀は、中生代の最初の紀で、次に続くのが、恐竜の栄えたことで知られる「ジュラ紀」である。トリアス紀の地上では、パンゲア大陸が広がり、最初のほ乳類が出現した。もちろん、恐竜もいた。海には、セラタイト型のアンモナイトが出現した。

日本における本属の化石は、岡山県の中部中新統下部から最初に報告され、北陸以西の日本海側の中部中新統下部から多く産出し、北海道南西部の中部中新統や関東地方の下部〜中部中新統からも報告されている。また、関東・東海の上部中新統〜下部更新統からも報告されている。

中新世は、約二三〇〇万年前から約五〇〇〇万年前まで続いた地質時代である。この時代に日本はユーラシア大陸から離れ、日本海ができた。陸上では、ヒト科の動物が出現した。以上をまとめると、オオグソクムシの化石は、国内では二三〇〇万〜五〇〇〇万年前の地層でよく見つかり、世界を含めると、最古のものは約二億年前の地層から産出しているのである。
埼玉県秩父盆地の新第三系中新統からは、オオグソクムシ属の化石が報告されていた。近年、同一地点である皆野町大淵の荒川左岸に露出する小鹿野町層群子ノ神層において採集された、保存良好の本属の化石標本が埼玉県立自然史博物館に寄贈された。小幡はこれらの標本を下部〜中部中新統産のジュウイトゲチオオグソクシと同定し、その産状と形態について以下の通り述べている。

ジュウイチトゲオオグソクムシの産出地点付近の荒川河床には、秩父盆地団体研究グループの層序で、下位より順に彦久保層群の牛首層（層厚約五〇メートル）、富田層（同約一四〇メートル）、小鹿野町層群の子ノ神層（同約五〇メートル）、宮戸層（同約三一〇メートル超）が累重している（図67）。本報告の化石は子ノ神層の砂質泥岩に含まれていた（図68）。

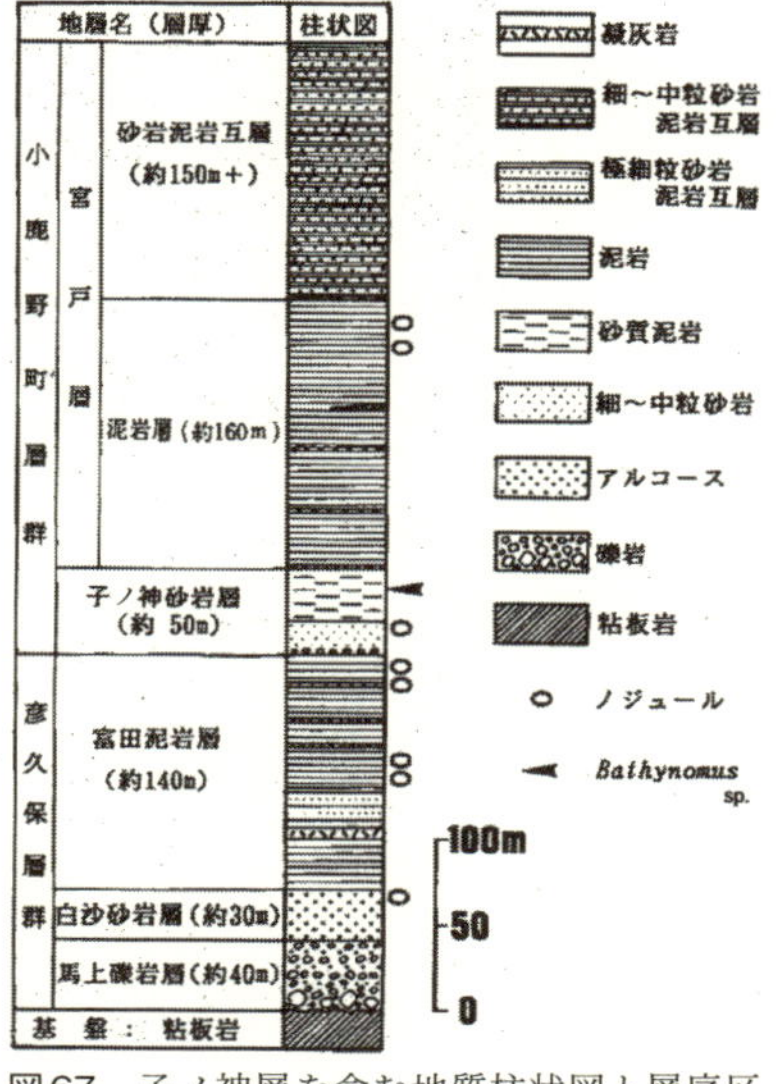

図67　子ノ神層を含む地質柱状図と層序区分（参考資料（39）より一部改変して転載）黒矢印が化石発見位置。

ジュウイチトゲオオグソクムシが発見された子ノ神層の露頭では、帯緑灰色の細粒から極細粒砂とシルト（砂より小さく粘土より粗い泥）が均質に混じっており、一部に砂やシルトの不規則な模様や厚さ数センチメートルの細粒砂岩層が認められる。

直径一センチメートル、管壁の厚さ一ミリメートル前後で長さ十数センチメートルの白色管状生痕、周囲を攪乱し地層面と並行な面上で蛇行した直径一ミリメートル弱の泥で充填された紐状生痕が観察される。生痕とは、巣穴や足跡など、生物の活動の痕跡の化石である。また多くの貝化石や化石植物片が含まれる。

子ノ神層の年代推定は、前期中新世後期から中期中新世前期である（約一八〇〇万～一五〇〇〇万年前）。

この年代は、このジュウイチトゲオオグソクムシが発見された大渕の露頭およびその南西約八〇〇メートルの赤平川右岸の郷平橋下流で十脚甲殻類化石 *Munida nishioi* が産出したことから推測された。

標本の詳細は以下の通りである。

標本番号：埼玉県立自然史博物館（SMNH）CrF207

一九九六年一一月七日、東京都立永福高校の地理野外実習中に加瀬野氏（当時同校一年）が採集した。

化石標本は甲背面の外形雌型で、第四から七胸節、腹節、および腹尾節が保存されている。雌型ということは、この化石は印象化石、すなわち、オオグソクムシの体の「跡」の化石である。そして、外形ということは、殻の外側の跡である。内形ならば、殻の内側の跡である。尾肢は右側の内肢あるいは外肢の一部と考えられるものが残っている。

全体の長さは七八・四ミリメートル、幅は三三・八ミリメートルである。胸節の長さは二五・六ミリメートルで、第七胸節は短く、第六胸節の約三分の二であった。幅は、一部欠損があるが、約三四ミリメートル。各節はやや前方に凸になっている。

腹節の長さは二三・九ミリメートルで、すべての節は分離している。幅は最大で三七・二ミリメートルで、各節とも両側部へ向かうにつれ長さを減じて狭くなる。第一から第三節はわずかに前方へ凸、第四、第五節はやや後方へ凸である。各節の両端先端は後方に曲がり尖減している。また、第二から第五節では、中軸部分に緩やかな隆起が認められる。

腹尾節は、後縁部が保存不良のため不明瞭である。長さ三〇・三ミリメートル、幅三三・二ミリメートルで、その比は約一〇対一一である。両側縁部は後方に幅を狭めるように緩やかに湾曲している。中軸部分には腹節に続く隆起があるが、後

2a　2b

図68　オオグソクムシの化石（参考資料（42）より転載）
子ノ神産の化石の図は見にくいため、富山県八尾累層産のものを代わりに掲載した。背面（2a）と内側（2b）。体の後半部の脱皮殻。推定体長102-106mm。推定生息深度100-150m。子ノ神産の化石も同様に体の後半部で、推定体長と生息深度もほぼ同様。

方に向かうにつれ狭くなり消失する。後縁部は全体的にやや後方へ凸で、棘は中央部に一本、その右側に二本が、それぞれ中央から三・〇、六・三ミリメートルの位置に並ぶ。左側には中央から一・八、七・一、九・一ミリメートルの位置に各一本ずつが並ぶ。これら六本以外の棘は欠損している。

標本番号：SMNH CrF208

同八日、同斉藤氏（同学年）が採集。第六、第七胸節、腹節および腹尾節が保存されている。尾肢は内外肢ともに欠落している。腹尾節は保存が悪く、後縁部、側縁部ともに不明である。

標本番号：SMNH CrF211

二〇〇二年一一月一七日、レクリエーションネットワークさかど（レネッツ）主催さかどっ子夢クラブ２００２（No.7　化石採集体験事業）で、富田真美氏（当時、坂戸市立片柳小学校四年）が発見した。

化石標本は、甲背面の外形雌型および内形雌型で、第五から第七胸節、腹節、および腹尾節が保存されている。尾肢は左側の内肢あるいは外肢の一部のみが保存されている。全体の長さは七四・三ミリメートル、幅は三九・〇ミリメートルであった。

後縁部の棘を一一本確認できるが、両端の棘は非常に小さく、肉眼では九本であるかのように見える。右側最端部の棘の長さは一〇・四ミリメートル足らずであった。左側の棘はルーペによって確認される微小な突起であった。

これらの標本の分類学的記載は、等脚目－ウオノエ亜目－スナホリムシ上科－スナホリムシ科－オオグソクムシ属－ジュウイチトゲオオグソクムシである。標徴は、腹尾節は長く幅の三分の二以上、腹尾節後縁の棘の数は一一または九本（再定義）、後縁の棘は中央が最大で、その左右に五対あるいは四対あることである。

国内においてこれまでに報告されている化石オオグソクムシ属の残存部位はすべてが体の後半部のみである。等脚目は脱皮の際、先に体の後半部を脱ぎ、その後前半部を脱ぐことから、これらの化石は脱皮殻と推測される。

今回の化石標本の形態を、中部中新統産の化石種であるジュウイチトゲオオグソクムシのタイプ標本等と比較すると、大きさや各部位のバランスは比較的類似している。ジュウイチトゲオオグソクムシは富山県婦負郡八尾層群東別所層産出の標本をタイプ標本とし、腹尾節が長く、後縁部に一一本の棘をもつと記載されている。これまでに日本で報告されている化石オオグソクムシ属の標本について腹尾節後縁の棘の数が以下のようにまとめられ、検討された。

後期中新世末期から前期更新世の標本ではいずれも中央に一本、その側方に三対の計七本の棘が認められ、オオグソクムシとされている。しかし、ジュウイチトゲオオグソクムシに同定されている前期中新世後期から中期中新世前期の標本には、次のようなばらつきが認められている。

本種のタイプ標本である富山県婦負郡八尾町の八尾層群東別所層の標本における腹尾節後縁の棘の数は一一本である。鳥取県岩美郡国府町の鳥取層群産出の標本では、九から一一本、岡山県津山市草加部の勝田層群産出の標本では鋭い棘が九本である。福井県大飯郡高浜町の内浦層群産出の標本では、全体で九本であると推定されている。北海道南西部北桧山地域の左股川層から産出した標本では、腹尾節後縁の中央に棘が一本ある他は不明と記載されているものの、左側に三本の大きな棘と一つの微小な棘が認められる。岡山県川上郡川上町の備北層群産出の標本では、中央に一本とその両側に三対の計七本の棘が認められる。岡山県阿哲郡大佐町の備北層群産出の標本の図版では、中央から左に五本右に四本以上の棘があるように見える。また群馬県太田市の緑町層産出のジュウイチトゲオオグソクムシとされた標本は、中央から右に四本の棘があり、全体で九本であると推定されている。

このように、これまでに日本で本種に同定されてきたものや、同じ地質時代の化石オオグソクムシ属を吟味すると、腹尾節後縁の棘の数が一一本のものだけでなく九本のものもふくまれ、七本というものまである。

唐沢らは、腹尾節後縁の棘について、中央のものが他よりも大きく、内側の一対目から三対目はほぼ同じ大きさで、外側の四対目と五対目は小さいと記載している。今回報告された標本SMNH CrF211では、五対目がきわめて小さいために肉眼では確認が難しく、棘の数が九本のように見えた。つまり、腹尾節後縁の五対目の棘が微小な一一本と九本の中間的な標本である。

これらのことから、五対目の棘の大きさは変異に富み、欠落して九本になる場合も考えられる。さらに、四対目の棘の大きさも変異に富み、保存状態の悪い標本の場合は棘の数が七本に見える可能性もあり得る。また、これらの棘の数の変異はほとんど同一の地質時代であり、地理的な偏りもみられないことから、この標本は個体変異と考えられ、ジュウイチトゲオオグソクムシの腹尾節後縁の棘の数は、一一本または九本であると再定義された。

なお、日本近海の現生オオグソクムシや後期中新世以降の化石オオグソクムシは、腹尾節がやや短く後縁の棘の数が七本である。また、東太平洋地域から報告されている始新世後期から前期中新世の *B. goedertorum* は、腹尾節後縁の棘の数が、小型の個体で七本、大型の個体では一一本とされているため、化石オオグソクムシは、*B. goedertorum* である可能性の検討が必要である。

行動

穴掘り

私は、自然界におけるオオグソクムシの活動を観察したことがない。シドニー大学のトムソン（Thomson）らは、遠隔操作型の無人潜水機ＲＯＶを用いて深海にトラップを仕掛け、水深三五八メートルでエサのベーコンを食べる*B. pelor*の様子を同機に備えたビデオカメラで撮影した。[40] この個体は、ベーコンを触角で盛んに触れたそうだ。また、ROVでトラップを個体から離れた場所へ放り投げると、個体はその後、向きを直し、泳ぎながらトラップへたどり着いたそうである。オオグソクムシの属する科の名称、スナホリムシ科、を見ると、自然界において、この動物は海底に穴を掘るのだろうと推測される。

関口は、現生のオオグソクムシが穴を掘ることを報告したおそらく最初の人物である。[41] それまでは、松岡と小出が中新世の地層から発見した一つの生痕[42]が、オオグソクムシが穴を掘ることの証拠であった（図69）。

図69　管状生痕（4a：個体の化石（中央部）がある面。4b：その反対側の面）（参考資料（42）より転載）。生痕の長さは約60cm、直径は40mmを下らない。4a中の化石は図68の個体。個体化石のある部分はレンズ状に隆起し、直径約90mm。

関口は、三重大学の練習船勢水丸での航海中、熊野灘の水深約五〇〇メートルの海底に設置されたベイト・トラップでオオグソクムシを捕獲し、暗黒条件下で一二時間飼育した。その後、三匹（それぞれ体長八七、八五、八二ミリメートル）が、水深三六〇メートルの海底堆積物を採集したスミス・マッキンタイヤーグラブ（Smith-McIntyre Grab）採泥器（図70）の中に放され、行動が採泥器のスリット越しに四日間観察された。採泥器には海水がかけ流され、堆積物の上面は水深五センチメートルの海水で覆われた。
三匹のうち、体長八七ミリメートルの個体は、放されるとすぐに隅へ移動し、胸脚で体を支えつつ、腹肢を盛んに動かして、底質に深さ四センチメートルほどの浅い窪みを作った。この行動は、犬が用を足した後、後ろ足で砂を蹴る様子に似ている。前述の通り、彼らは腹肢をパタパタとリズミカルに動かし、推進力を得て遊泳することができる。この推進力を使って、腹部の下の堆積物を後方へ巻き上げることができるのだ。

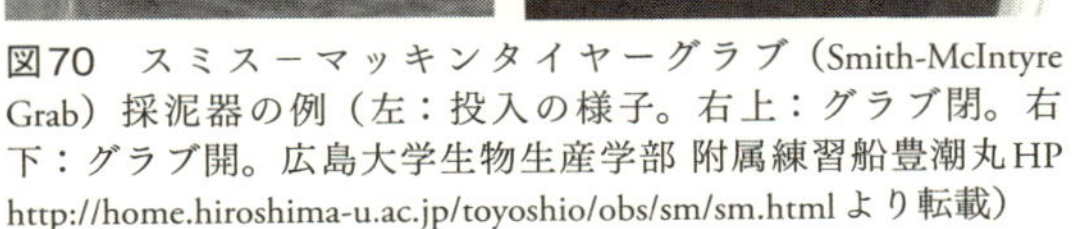

図70　スミスーマッキンタイヤーグラブ（Smith-McIntyre Grab）採泥器の例（左：投入の様子。右上：グラブ閉。右下：グラブ開。広島大学生物生産学部 附属練習船豊潮丸HP http://home.hiroshima-u.ac.jp/toyoshio/obs/sm/sm.html より転載）

その後、この個体は、底質表面から三センチメートルの深さで穴を掘りながら水平に進み、二時間後、体長にほぼ等しい長さ八五ミリメートルの横穴を作った。観察二日目、穴を作らなかった他の二匹は採泥器から除かれた。

穴を掘った個体の行動は興味深い。この個体は常に穴の入口にある浅い窪みにいて、驚かされると急いで穴の深部まで飛び込んだ。また、腹尾節が入口へ向いていたときでも、転向して頭から穴へ飛び込んだ。穴の断面は小さく（直径は個体の体幅二九ミリメートルより六ミリメートル長い三五ミリメートル）、個体は内部で転向できないため、穴から出るときはいつも後ずさりだった。関口は、これらの観察から、オオグソクムシの穴は巣（ネスト）というよりは避難所（シェルター）として使われていると述べている。三日目に、この個体は、同様の穴を違う隅から作った。四日目には、前述した二つの穴は偶然連結され、全長約二〇センチメートルの穴になった。

このように、オオグソクムシは、ほぼ体長程度の長さの穴を掘ることが確認されたのだが、この穴の形状は、生痕と大きく異なる。松岡と小出が発見した生痕の長さは約六〇センチメートルであった。その中で発見された個体の脱皮殻の大きさから、この生痕の作り主の体長は約一〇センチメートルと推測された。したがって、生痕の長さは個体の体長の約六倍である。また、生痕の中央には直径九センチメートルの膨大部もあった。化石の見つかった推定水深は一〇〇〜一五〇メートルで、現生のオオグソクムシの生息域の最も浅い領域とはいえ、一致する。したがって、このような穴は、現生のオオグソクムシでも見られると考えてよいだろう。

関口は、このような現生と古代の生痕の特徴の違いは、観察に使われた個体に対する人為的影響に起因すると考えたようだ。確かに、スリット越しとはいえ、目視で行動を観察する実験者の動きを個体は察知したかもしれない。また、深海底より強い光を受けていただろう。

関口が一九八五年に前述の穴掘り行動を報告した一六年後、岩崎らは実験室内でオオグソクムシの穴掘り行動を詳細に観察した。[43] この研究には関口も関わっており、実験個体は、勢水丸によって熊野灘の水深二〇〇〜五〇〇メートルで捕獲された。

この実験では、ゼラチン製の底質が敷かれ、水温一四度の海水が循環する水槽が用意された。ゼラチンは透明なため、その中を掘り進む個体の様子が観察できる。また、底質の上面には本立てのようなL字型のアクリル板が置かれた。約二〇個体（体長四〜一四センチメートル）のオオグソクムシが、個別に実験水槽へ投入され、行動が観察された。

個体は、頭の先端が板に当たると穴を掘り始めた。第二から第四胸脚は、ゼラチンを掻いて穴を掘ると同時にその粒を後ろへ押し出し、腹肢は激しく動いて水流を作りゼラチン粒を体の後方へ巻き上げた。第五から第七胸脚は体を支え、胸部は胸脚がゼラチンを掻くのと連動して曲げと反りを繰り返し、頭部をゼラチン底質の中へ押し込んだ。これらの作業を繰り返し、個体は穴を掘り続けた。

ただ、ゼラチンは海底の底質より柔らかく、掻き出されたゼラチン粒が腹肢にまとわりつくなどして、それがうまく穴から排出されないことが多々あった。そのような場合、穴の長さが体長程度になるまで掘り進むと、個体は後ろ向きで穴から出て行った。穴が長く掘られた場合、その長さは二五センチメートル前後だった。

全個体中五匹は穴内部で回転し、頭から穴入口へ戻り、しばらく留まった後、外へ這い出た。穴を掘るもののあきらめて歩き回るという行動を繰り返した個体、腹尾節から穴へ入った個体もいた。

岩崎らは、オオグソクムシの体節間に備わるストレッチレセプタの働きの解明のために、この動物の体の伸展や屈曲を観察した。したがって、当初は、その動きをビデオ録画するために、実験は自然光下で実施された。そのせいか、個体は水槽内を泳ぎ回り、落ち着かないことが多かった。そのため、水槽全体を黒いシートで覆い、個体が落ち着いて穴を掘り始めた後シートを除き、ビデオ撮影を実施した。

このストレッチレセプタは、前出のノンスパンキング・ストレッチレセプタとは異なり、スパイクを発生する。ただし、働きは同様である。このレセプタは、筋肉等の柔軟な組織に含まれ、動物の体における組織や器官の動きを感知し中枢神経系へ伝える働きをする。人間の場合、手や足や目、胃袋が動くと、それぞれに付随する筋肉に含まれるストレッチレセプタが筋肉の伸び縮みを感知して活動する。この活動の具合が脳へ伝えられ、私たちは体の動きや腹の空き具合を知覚するのである。

オオグソクムシの場合、ストレッチレセプタは、各体節に付随する筋肉に含まれ、体の丸まり具合を検出する。前述のように、オオグソクムシは頭部と胸部を連動的に上下運動させて砂泥などの底質に巣穴を掘る。また、体を丸めることができる。例えば、水中の個体を網ですくう等して刺激すると、ゆっくりと体を丸める。このような柔軟な運動は、具足のような体節が可動性であることで実現されている。丸まりの程度や速さ、また持続時間を決めるには、各体節の位置や運動を検出する必要があり、その役割を担うのが、各体節に備わるストレッチレセプタである。

このレセプタは、陸生のオカダンゴムシや海岸生のフナムシの胸節にも存在するが、その形態や特性は各動物によって異なる。岩崎らは、この違いは、各動物の進化の過程と関連して生じたと考えている。なお、カニやエビ等が含まれる十脚目の動物の胸部体節は融合して背甲となっているため、ストレッチレセプタは腹部に存在する。

ストレッチレセプタのように、自らの動きで活動する感覚器を「自己受容器」という。一方、外界からの刺激に対して活動する感覚器を「外部受容器」という。例えば、オオグソクムシの第一触角にあり、特定の化学物質に対して活動する感覚器は外部受容器だ。この働きによって、彼らはエサの匂いを知覚する。

関口、岩崎らの研究結果からわかったことは、オオグソクムシは、暗黒条件下で適度な固さの底質を与えられると、穴を掘るということである。スナホリムシ科という名称は、彼らの行動を反映していたのだ。

穴の形状は単純な縦穴で、長さは体長程度からその二倍程度である。穴の中での過ごし方の記述がないことは、特徴的な行動が見られないからであろう。

穴は胸脚で掘られるため、掘り進むときは必ず頭が先頭である。一度できた穴へ再び入るときには、多くの場合頭が先頭だが、稀に腹尾節の場合もある。穴から出る場合、(頭から入るため)腹尾節が先頭になるが、中で回転して頭を先頭に這い出ることもある。この場合、穴の入口でしばらく留まる。

このように、岩崎らの研究が加わったことで、オオグソクムシの穴の構造と作られ方はほぼ明らかになった。一方、この穴の構造で生痕と異なる点がある。それは、生痕の長さは個体の体長の約六倍もあることと、中央には膨大部があることである。関口は、このような現生と古代の生痕の特徴の違いは、観察に使われた個体に対する人為的影響に起因すると考えたようだが、岩崎らの実験では、その影響はかなり除かれたはずである。ただし、ビデオ撮影の間のみ、実験個体に光が当てられていた。そこで私たちは、完全暗黒条件下で実験を実施し、オオグソクムシがより長く、また、膨大部を備える穴を掘るかどうかを確かめることにした(44)。

巣穴堀り

実験個体は相模湾においてベイト・トラップで採集された。採集者は三浦半島荒崎(あらさき)漁港の漁師(当時)、鈴木純一氏であった。カニかご漁の際に混獲されたオオグソクムシが、漁港内の海水中に吊るされたかご内で数日間保管された。個体は首都大学の黒川研究室へ運搬された後選別され、一部が私たちの実験室へ運ばれた。

個体の運搬は数回行われ、合計二十数匹の個体が、気温一五度の暗室内に設置された、海水循環型飼育水槽(アクア株式会社製マルチハイデンス装置)内で、約六か月間飼育された。水槽内の海水には富山県の滑川海洋深層水分水施設アクアポケットで購入された海洋深層水を用いた。実験直前の海水の水温は約一〇度、水素イオン濃度は約8、塩分濃度は約三〇パーミルであり、購入当初の値と大きな違いはなかった。

週に一度、各個体を海水の入ったバケツに移し、生のイカの切り身をエサとして与えた。個体がエサを食べたことを確認するため、また、飼育水槽内の海水を汚さないため、このように別の容器内で個別にエサを与えた。

飼育個体のうち、触角や脚の欠けがなく、姿勢がよく安定していた一〇匹を実験で用いた。平均体長は九・六±〇・四センチメートル、平均体幅は四・一±〇・二センチメートル、雌雄比は五対五だった（±の後の数字は標準誤差）。

実験装置は円筒水槽（直径六〇センチメートル、高さ四〇センチメートル、ピーデー熱帯魚センター製）で、底質として寒天が底面から高さ約二五センチメートルまで詰められた。寒天を選んだ理由は、岩崎らの報告において、ゼラチンが個体の腹肢にまとわりついたという記述が気にかかったからである。そこで、より粘り気の少ない寒天を選択した。

ただし、直径六〇センチメートル、高さ二五センチメートルという大容量の寒天底質を、簾（す）や割れが生じないよう、また硬さも均一に作製するには相応の技術が必要であった。そこで、当時当研究室の四年生で、オオグソクムシの行動を卒業研究課題として選んだ松井俊憲は、伊那食品工業株式会社に電話をかけ、製作指導を受け始めた。

親切な指導と松井の努力の結果、一か月ほどで均質な巨大寒天底質を作製するための指南書が完成した。おおまかには、大型の鍋に海水を入れ、沸騰させ、そこに重量パーセント濃度〇・三％になるよう計量された寒天粉末を徐々に溶かし、室温まで自然に冷ますことで、簾や割れのない底質ができる。ただし、手ぎわよく作らないと、気泡や簾が入ってしまう。松井の習得した流れるような作業は、まさしく職人技と言える。

本実験では、底質中心の温度が実験室の気温に近い一五～一七度になったことを確認し、海洋深層水を深さ約一〇センチメートルになるよう底質上面に注ぎ、実験環境を完成させた。その後数時間水槽を放置し、目視で底質の構造に異常がないことを確認した後、実験個体を静かに底質上面の中央に置き、六時間放置した。個体の行動は水槽の直上一メートルに配置された赤外線ＬＥＤ内臓型赤外線感知ＣＣＤカメラ（コロナ電業社製 CZ-100）を通し、ＨＤＤビデオレコーダ（SHARP 社製 DV-ACW72）に記録された。

底質表面中央に置かれた実験個体は、最初は体を丸めてじっとし、次第に脚を動かしながら体を徐々に伸ばし、やがて完全に体を開き、

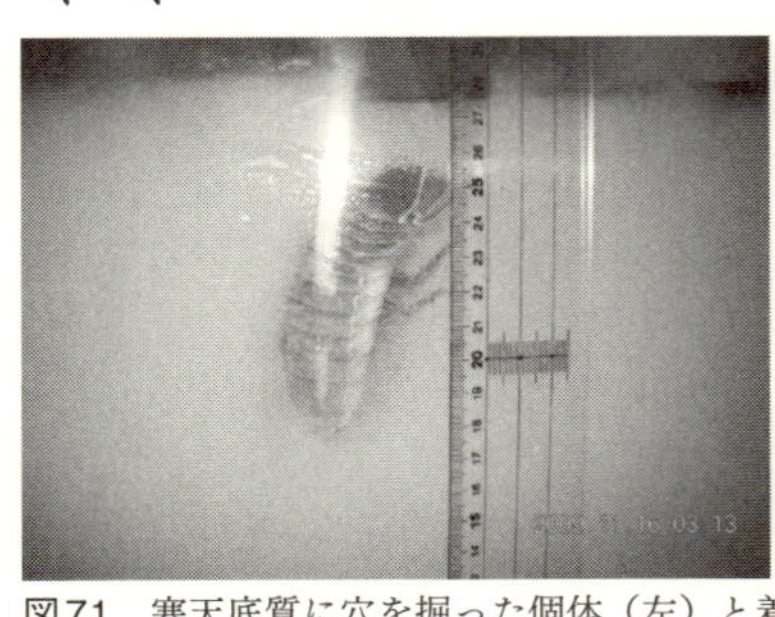
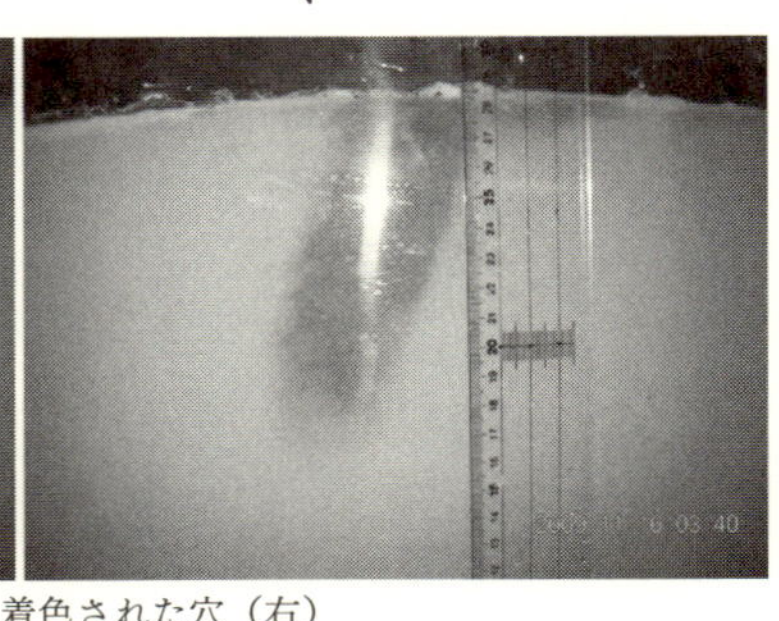

図71　寒天底質に穴を掘った個体（左）と着色された穴（右）

底質上に正立した。正立までに掛かった時間は平均約三六秒であった。

体を開くと遊泳と歩行、停止を繰り返し、ときどき水槽の壁に沿って底質を掘り、数個の窪みを作り、多くの個体はやがて特定の窪みを深く掘り、穴を完成させた。一部の個体は、途中まで掘って歩きまわった後、掘りかけた穴に戻って穴掘りを再開した。

どの個体も頭を先頭にして、垂直に対し約三〇度の傾きで斜め下に穴を掘った。穴の中で反転した個体はなく、穴を去るときは、腹尾節から（後ろ向きで）出た。丸めた体を開いてから穴を完成させるまでの平均時間は約一三〇分であった。穴内部での平均滞在時間は約一一〇分であった。

図72　浅い溝

実験終了（六時間経過）後、穴の中へ緑色に着色した柔らかい寒天を流し込み、穴の形を目視で確認し、長さを計測した（図71）。五個体は各一本、一個体は二本の縦穴を壁沿いに掘り、合計七本の穴が観察された。穴はいずれも分岐のない単純な縦穴であった。穴を掘らなかった他の四個体は、窪みを数多く掘った。それらは繋がり、結果的に壁沿いに浅い溝ができた（図72）。

七本の穴に対し、その長さが掘った個体の体長の何倍かを見積もるために、それぞれの長さを個体の体長で割り、その比を求めた。

結果は、体長の一・一倍の穴が二本、一・四倍が二本、二・三、二・五、三・〇倍がそれぞれ一本で、平均約一・八倍であった。穴の長さは、体長よりは長いものの、二倍には至らないという結果だった。

このように、穴の形状と長さは、先行研究の結果とほぼ同様であった。このことは、先行研究と同様、適切な水温と底質を用意しただけでなく、恒暗条件も加えた実験環境でも、生痕のような長く、そして膨大部を備える「巣」と見なせるような穴は形成されないことを意味する。本実験では、オオグソクムシの「巣穴」の再現には、他の条件が必要であることがわかったのだ。

前述の通り、恒暗、低温、そして底質の組み合わせは、オオグソクムシの巣穴を再現する必要十分条件ではなかった。必要十分条件となる環境を得るには、これら三条件に、深海底に相当する高水圧条件を加えなくてはならないのかもしれない。しかし、約三〇気圧という水圧を用意するのは難しい。そこで私たちは、高水圧以外の条件が、巣穴再現のための条件である可能性に賭けた。

では、どのような条件が必要なのか。私たちは深海の様子が記述された文献をいくつも読んでみた。その結果得た重要な知見は、私たちの用意した環境と自然の深海の間で大きく異なるのは、「水底の構造」だということだった。

私たちは、深海底には特徴的な構造はなく、平坦な泥の堆積物が単調に広がっているものだと思っていた。しかし実際には、死んだ動物の骨格、特に鯨等の大型動物の骨格が点在し、決して単調ではないことがわかったのだ。特に、鯨の骨格は「鯨骨生物群集」という生態系を作り、化学合成共生動物などの特殊な生物が鯨骨を栄養源としながら暮らしているのだ。

鯨骨生物群集は、一九八七年に、アメリカのカリフォルニア州沖、サンタカタリナ海盆の水深一二四〇メートルで初めて発見された(45)。鯨の死骸が沈み海底へ到達すると、深海ザメやヌタウナギ、オオグソクムシなど腐食性の動物が集まり、おそらく腐り始めている肉を食べ、骨が残される。

鯨の骨には脂肪が多く含まれ、腐食が進むとメタンや硫化水素ガスを放出する。化学合成細菌や、これと共生するヒラノマクラと呼ばれる貝のような化学合成共生動物は、これらのガスを利用してエネルギーを得て活動するのだ。

なお、地上では、太陽光を利用して有機物を光合成する植物が一次生産者であるように、光合成に十分な光が届かない深海では、硫化水素等のガスを利用して有機物を化学合成する前述の化学合成生物が一次生産者である。

鯨骨遺骸にはホネクイハナムシ(46)(環形動物)やゲイコツナメクジウオ(47)といった新種が近年発見され、その生態の謎が研究されている。

話を戻そう。オオグソクムシや他の生物が、沈んで来た死骸の肉を食べると、それが骨格だけになり散乱する。ところで、餌を採ることは動物にとって最重要課題の一つだが、摂食行動は捕食者に身を晒していることにもなり、危険な状態である。摂食後、ぼんやり佇むなどもってのほかだ。そこで、オオグソクムシは、満腹になると、その場で穴を作り、身を隠すのではないだろうか。あるいは、穴の中で過ごす性質をそもそも持っているため、摂食が終われば穴を掘るのかもしれない。

いずれにせよ、穴での滞在中に捕食者の進入を許すわけにはいかない。奥へ追いつめられれば一巻の終わりだ。したがって、穴の入口へ捕食者が接近することを許すわけにはいかない。そのためには、捕食者の接近を阻むような環境に穴を掘るのが得策だろう。

底質の表面に動物の骨格が散在している環境は、何もない平坦な環境にくらべ、穴の入口をカモフラージュする効果が高いだろう。また、以下の理由により、穴は長い方がよいだろう。光の微弱な深海では、捕食者は、被食者の姿形や色といった光学的信号より、発せられる化学物質や微弱な電磁波を探る可能性が高い。これらの信号を隠すには、長い穴を掘って底質深くに身を潜めるのが得策だろう。

以上の推測に基づき、私たちは、「オオグソクムシは表面構造が複雑な底質に長い穴を掘る」、

図73　寒天底質上に配置された5個のプラスティックチューブ

という仮説を立て、これを新たな実験で検証することにした。

実験環境や水槽は前回の実験と同様であった。寒天底質の構造には違いがあり、底質の表面構造を複雑にするために、T字型の透明プラスティックチューブ（幹部の長さ一二センチメートル、左右各腕の長さ九センチメートル、直径六センチメートル）を五個配置した（図73）。以降、前回の実験および条件を、それぞれ「平坦実験」、「平坦条件」、新たな実験および条件を、それぞれ「複雑実験」、「複雑条件」と呼ぶ。

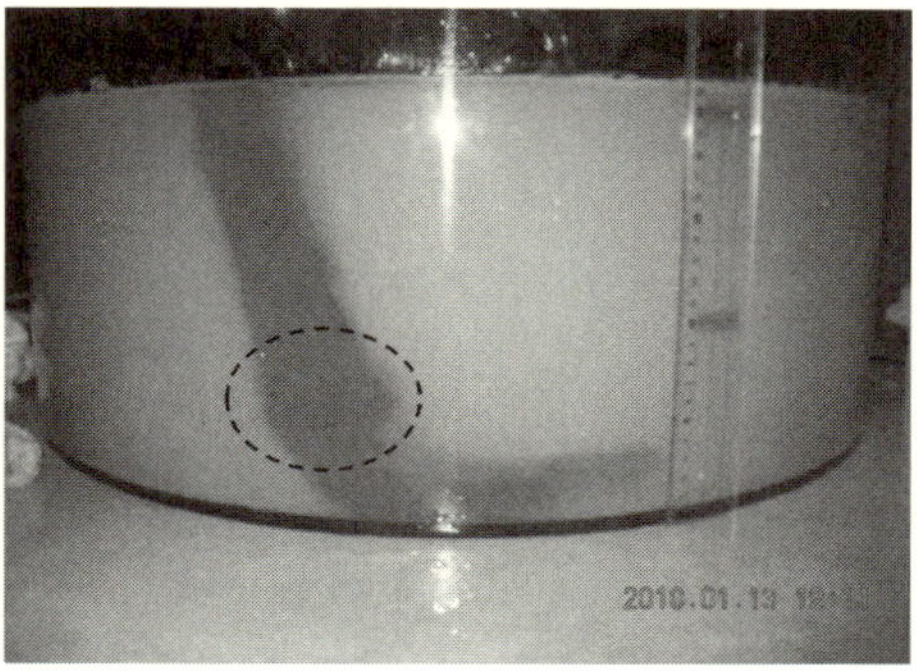

図74　体長の約3倍の穴
破線楕円は膨大部。ここで個体が回転する。

新たに用意された被験体の平均体長は、一〇・〇±〇・七センチメートル、平均体幅は四・三±〇・三センチメートル、雌雄比は四対六だった。それぞれの値は、平坦実験の値との間で有意な差はなかった。

実験開始時、平坦実験では、各個体は底質表面に置かれたのに対し、複雑実験では、一つのチューブの中へ置かれた。チューブの中でも最初体を丸めていたが、じっとしたのは平均約四秒間と、平坦実験の値の約六分の一であり、有意に短かった。

各個体は、体を開くと、チューブから遊泳または歩行で頭から這い出し、底質上を移動した。投入されてから最初に動き出すまでの時間が平坦、複雑両実験間で大きく異なる理由はわからないが、少なくとも、オオグソクムシは、最初に自身が置かれた状況の何らかの特徴を知覚し、その特徴に応じた行動を発現することがわかった。実験時間は、平坦実験と同様、六時間とした。

底質上の移動を始めた後の遊泳、歩行、壁沿いに穴を掘る様子は、平坦実験と同様であった。チューブに入る様子はしばしば観察され、多くの場合頭から出入りしたが、腹尾節から入り、頭から出る様子も稀に観察された。また、ごく稀に、頭から入り、チューブ内で体を回転させ、頭から出る様子も観察された。穴を掘った場合、丸めた体を開いてから穴を完成させるまでの平均時間は、約一〇〇分で、平坦実験群の値と変わらなかった。

複雑実験で特徴的だったのは、第一に、穴の長さが明らかに平坦実験のそれより長かったことだ（図74）。六個体が各一本、一個体が二本の単純な縦穴を掘り、計八本の穴を観察できた。その他の三個体は、窪みを数個掘るにとどまった。

それぞれの穴の長さが個体の体長の何倍かを見積もると、二・一倍の穴が二本、二・三、二・四、二・六、二・七倍の穴がそれぞれ一本、二・九倍の穴が二本と、どの穴も体長の二倍以上で、平均約二・五倍だった。この値は、平坦実験の約一・八倍に比べ有意に大きかった。すなわち、複雑条件の穴は、平坦条件の穴より十分長かったのだ。

第二の特徴は、穴の中での滞在時間が、平均約二〇〇分と、平坦実験の約一一〇分より二倍ほども長かったことだ。

第三の特徴は、穴を掘った七個体のうち、四個体は、穴から出ようとするとき、最初腹尾節を先頭に後退しながら開口部へ進んだが、穴の中腹に達すると回転し、頭を先頭にして這い出たことである。また、これらの個体は、開口部へ到達すると、第二触角の先端が外部へ出る程度の位置で数十分留まることもあった（図75）。この行動は、岩崎らの実験結果に一致する。

このような穴の開口部で留まる行動が、他の動物でも観察されるかどうかを調べた。すると、オオグソクムシと同じスナホリムシ科に属する、体長三センチメートルほどのモモブトスナホリムシ属の動物、*Natatolana borealis*が、外敵から身を隠しつつ、触角で餌の匂いの到来を待つ「sit and wait」、すなわち「待ち伏せ」という採餌戦略として、穴の開口部で留まることがわかった[48]。オオグソクムシも、この待ち伏せ戦略を採っていると推測される。

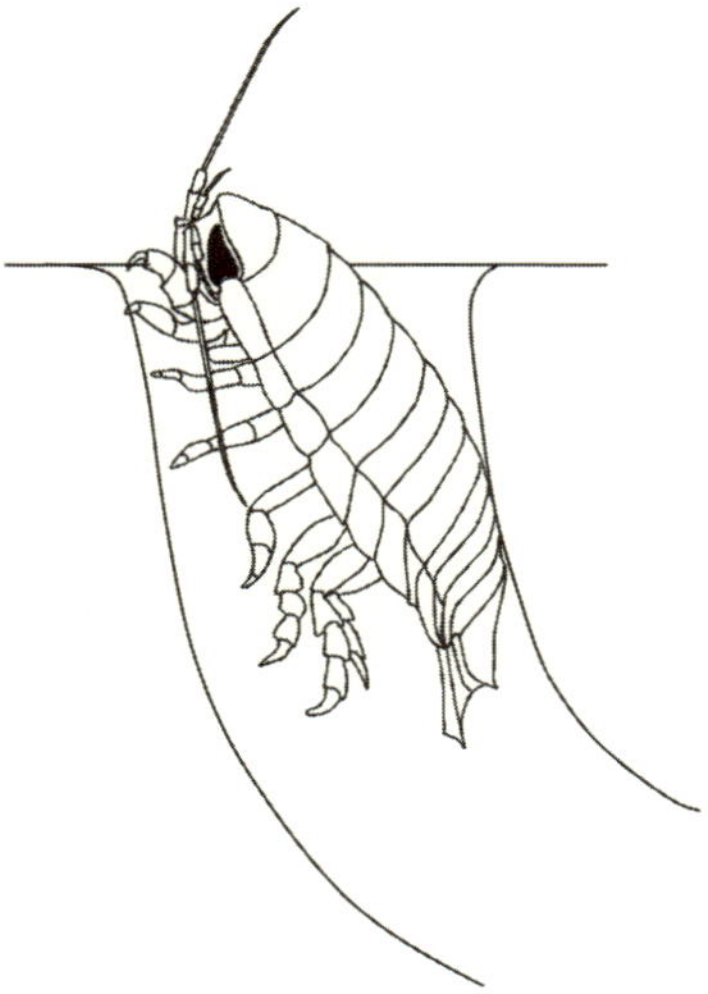

図75　待ち伏せ戦略中の個体

待ち伏せ行動を示す個体は、穴の入り口へ向かう際はいつでも、穴の中の特定の場所で回転した。そのため、その場所の壁が次第に削られ、穴の他の部分に比べて内径が大きい膨大部となった。これは、松岡と小出が発見した生痕で見られた膨大部に相当すると考えられる。膨大部をもつ穴の長さは、平均で体長の約二・七倍あり、膨大部をもたない穴の平均約二・二倍に比べ有意に長かった。

以上のように、人工のチューブを置いて底質表面を複雑にしたことで、オオグソクムシに（平坦条件に比べ）長く、膨大部を持ち、長時間滞在する穴を掘らせることができた。私たちは、「オオグソクムシは、表面構造が複雑な底質に長い穴を掘る」、という仮説の正さを証明することができたのである。この穴は、待ち伏せ戦略の道具としても使われた。このように、休息場所や道具として使われる穴は、まさしく「巣穴」と言ってよいだろう。

私たちは、オオグソクムシが、底質表面に物体がある複雑条件では巣穴を掘り、何もない平坦条件では短い穴を掘ることを実験で見出した。オオグソクムシが、底質表面の状態によって異なる構造の穴を掘ることができるということは、オオグソクムシは、底質表面の環境の違いを触角や脚等によって知覚できることを示唆する。では、なぜ違った構造の穴を掘るのだろうか。

図76　オオグソクムシ村（想像図）

自然界において、彼らは鯨骨等の散らばる領域に巣穴を掘り、しばしば待ち伏せ戦略で開口部付近に身を留め、遺骸の到来がなければ巣の奥へ戻るという生活を繰り返すのではないだろうか。その場所は、まるでオオグソクムシたちの「村」のように見えるだろう（図76）。ちなみに、単独性と言われるタコが集団で生活する「街」が、昨年発見された。[49] この街は、タコが集めたがれき等で作られており、研究者らは「オクトランティス（Octlantice）」と呼んでいる。

遺骸はオオグソクムシ村にそう頻繁には訪れてこないだろうから、オオグソクムシは、長期間、栄養を摂取しなくても耐えられる仕組みをもっていると予想される。鳥羽水族館では、あるダイオウグソクムシが丸五年間絶食したという記録があり、当時、なぜエサを与えても食べないのかと話題になった。しかし、彼らの暮らす深海への遺骸の到達頻度の低さを考えれば、長期間絶食できる仕組みを備えていることは不思議ではなかろう。その一つは、前述の通り、中腸腺や体腔に多量の脂質を貯蔵していることだ。

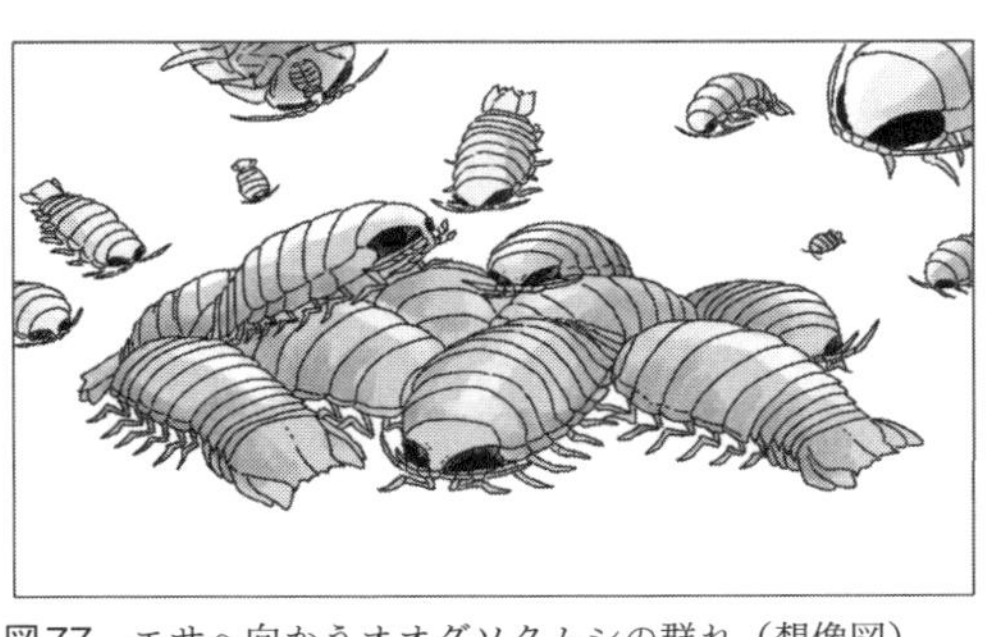

図77　エサへ向かうオオグソクムシの群れ（想像図）

さて、ようやく遺骸が沈降してくると、彼らはその匂い（漂ってくる化学物質）を捉え、その標的へ向け、深海中を移動するだろう。多数のオオグソクムシが、遊泳しながら一斉に標的へ向かうのではないだろうか（図77）。そのような光景が深海に広がるなら、是非ともこの目で見てみたい。

ただ、彼らは遺骸に達することができれば幸いだが、辿りつけないこともしばしばあるだろう。このようなとき、彼らは平坦な底質上に残されることになる。私たちの平坦実験の結果は、このような状況において彼らは短い巣穴を掘ることを示唆している。

底質上にいれば、彼らは間もなく捕食者に察知され食されてしまうだろう。深い巣穴を掘っても、前述の通り、開口部が直ちに見つけられるや、穴の奥へ追い込まれて一巻の終わりだろう。短い穴では、追い込まれる間すらなく捕えられるだろう。ただし、短い穴は、長い巣穴に比べ作製のために消費されるエネルギーが少ないはずだ。したがって、いくつも掘ることができるだろう。

短い穴を掘ってそこに留まることは、捕食者の到来を待っているようなものだが、穴を掘っては移動することを繰り返せば、捕食者は、オオグソクムシの居場所を特定しにくくなるはずだ。そして、移動の繰り返しにより、やがて巣穴掘りに適した複雑な表面構造の底質へたどり着けるだろう。このように、生き残るために当座使われる短い穴は、関口が唱えた通り、避難用のシェルターと言えよう。

オオグソクムシは、底質表面構造の違いに応じて穴のかたちを変える能力を持つ。環境の変動に応じて巣穴の形を迅速に変化させる現象は、バルチックシラトリ（*Macoma balthica*）という貝でも観察される。この貝では、捕食者のいる条件では巣穴を深く、また、いない条件では浅くするという「巣穴の可塑性」が報告されている[50]。

私たちの実験では、オオグソクムシは、捕食者のような明示的な外的刺激ではなく、底質表面の構造という、より抽象度の高い「知覚的手がかり」を利用して、穴の形状を変化させた。

個体は、水底を移動しながら獲得した底質表面構造という知覚的手がかりから、巣穴掘りの欲求を自ら高めたのだろう。オオグソクムシは、複雑な底質表面の知覚によって（捕食者に察知されにくいという）「安心感」を、平坦な表面の知覚によって「危機感」を生じたのではないだろうか。人間の場合、心拍等の生理現象の変化を計測することによって、安心感や危機感といった内的状態を、ある程度推測することができる。オオグソクムシでは、外部からの様々な刺激（例えば振動や光の照射）によって、心拍の周期や強さが変化すること、また、この変化を起こす機構には、中枢神経系が関わることが明らかにされてきた。[23]

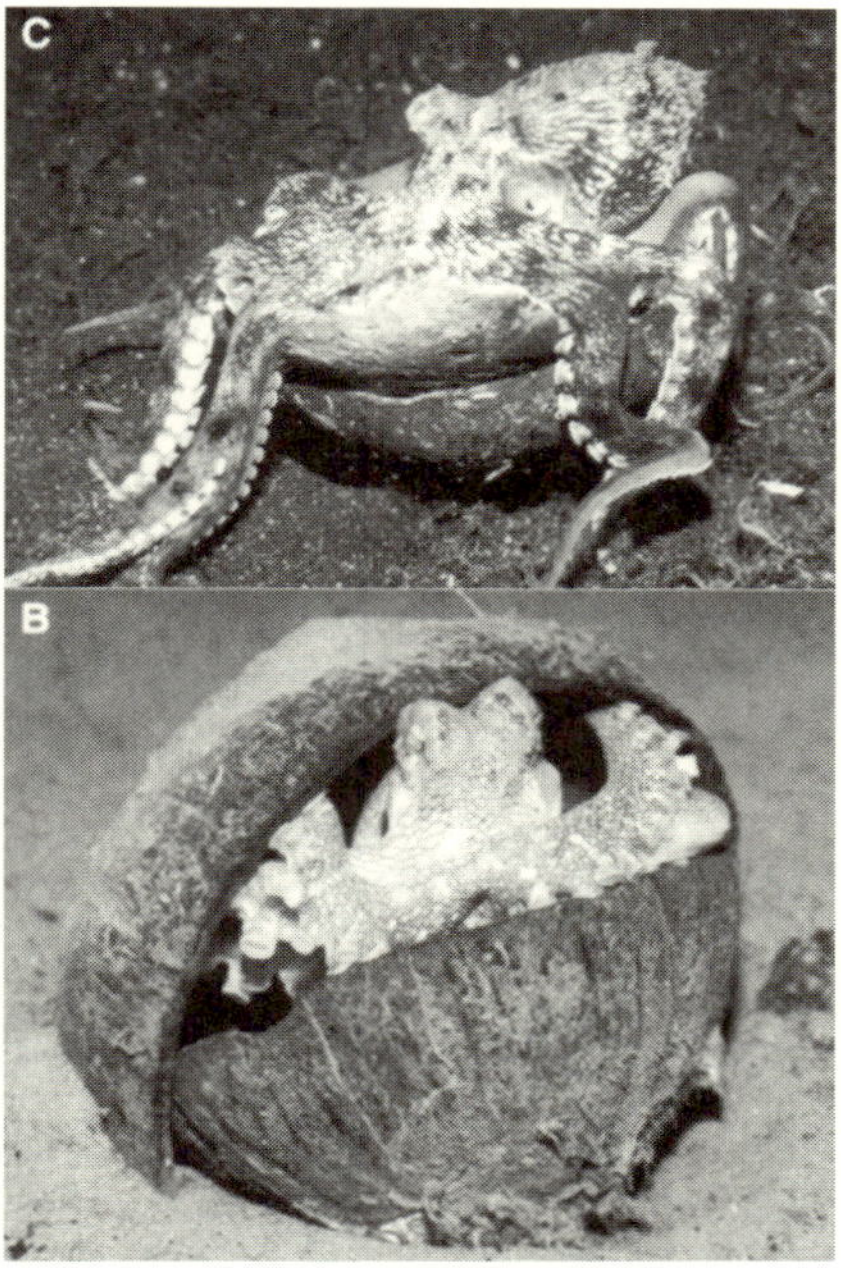

図78　ココナッツ殻を抱え移動するメジロダコ（上）と殻で身を隠す様子（下）（Julian K. Finn, Tom Tregenza, Mark D. Norman. Current Biology 19(23), R1069-R1070, 2009 より転載）

本実験条件下で行動中のオオグソクムシ個体の心拍を計測し、心的過程を推測する共同研究が、黒川研究室の近藤日名子氏を中心に目下進められている。

ところで、平坦、複雑両実験において、底質上に窪みしか作らなかった個体がそれぞれ四および三個体観察されていた。これらは一見異常な個体に見えるが、深海の底質と寒天の違いに非常に敏感で、不用意に穴を掘らない優れた個体だったのかもしれない。そこで、複雑実験において、窪みしか掘らなかった三匹と、長い巣穴を掘った七匹のチューブ内での滞在時間（一回あたり）を比べると、前者は平均約一六〇秒、後者は約八〇秒と約二倍の違いがあった。この結果は、窪みしか掘らなかった個体は、異常なのではなく、チューブをシェルターや巣穴として利用していた可能性があることを示唆する。

メジロダコは、ココナッツの殻を持ち歩きぎこちなく移動することがある。このタコは、外敵に遭遇すると、まるで二枚貝のようにこの殻の中へ逃げ込むのだ（図78）。移動速度を犠牲にしてまで持ち歩くこの大きな殻は、タコにとって移動型の隠れ家、シェルターだったのだ。オオグソクムシやタコは、外界の物体を道具として利用する能力を持つのだろう。

技

前述の通り、オオグソクムシは、底質表面構造に応じて穴のかたちを変える能力を有することが示された。彼らは、底質表面が平坦な場合、体長程度の避難穴（シェルター）を、チューブが配置され複雑な場合、体長の二倍以上の長さで、回転用の膨大部を備える巣穴を作る。オオグソクムシは、底質上を移動している間、触角や脚等にある感覚器によって、底質表面の様子を探査するのだろう。そして、チューブ等の物体にしばしば接触すると、複雑さを知覚し、巣穴を作る欲求が生じ、そして穴掘り行動を実行するのだろう。

ところで、この過程では、巣穴掘りの「欲求」と穴掘りという「行動」の両者が自律的に「協調」するのであって、欲求が自動的に穴掘りを実行させるのではないだろう。例えば、巣穴を掘りたいと思っても、外敵の接近を察知すれば、穴掘りはさておき、遊泳を実行しなくてはならない。逆に、外敵ではない動物の接近に対しては、驚いて遊泳などせず、穴掘りを実行するべきである。さらに、底質が穴掘りに適していないならば、掘り方を工夫するか代用物を探さなくてはならない。こういった、行動の柔軟性は、欲求と行動の協調があってはじめて実現する。

前出の実験で現れた、穴を掘らず、窪みしか作らなかった個体は、チューブをシェルターとして利用した可能性があった。これらの個体は、寒天底質に穴を掘りながら、それは穴掘りに適さないと判断したため、穴掘りを途中で止め、その結果、窪みしか「掘らなかった」のではないだろうか。そして、巣穴掘りの欲求の実現のために、チューブを巣穴、またはシェルターとして利用したのではないだろうか。

次の実験では、底質が穴掘りに適していないにもかかわらず、複雑条件が与えられる場合、穴掘りをやめてしまう個体がいる一方、穴掘りに工夫を凝らす個体も現れるかどうかを調べた。

「工夫を凝らせば穴を掘れる」ような底質を用意するには、少々検討が必要だった。例えば、底質が単に硬いだけでは、工夫と言うよりは一生懸命に掘る様子が見られるだけと予想される。逆に、柔らかすぎたり、底質粒子が小石のように大きかったりすると、穴の壁面がくずれ、穴が形成されない。このように、穴を掘れない底質の設定は簡単だが、「うまくすると掘れる」、という仕組みを盛り込むのは難しかった。

そこで、穴の形成を目的にするのではなく、掘り進む行動にのみ注目することにした。穴掘りとは、底質を胸脚で削り、掘りカスを移動させ、生じた隙間へ頭部を挿入させるという一連の作業を繰り返すことである。したがって、穴はできなくても、この一連の行動に工夫が凝らされる過程を観察できるような実験設定を、考えることにした。

検討の結果、当研究室の学生だった隈江俊也と私は、「水槽の底にゴルフボールを敷き詰め、オオグソクムシがその間を移動できるかどうか」を観察することにした[51]。オオグソクムシには、一つ一つのボールを慎重に脇へずらしながら移動するという「技」が要求されるのだ。力任せにボールを押すと、多数のボール間で玉突きが起こり、それらが凝集し、ボール間の隙間がなくなり、間を移動することができなくなるからだ。

実験では、飼育用水槽で約一年間飼育された成体一六匹を用いた。これらは前述の穴掘り実験で用いられたのとは別の個体群であった。エサは生のイカの切り身で、二週間に一度与えられた。

平均体長は一一・六±〇・一センチメートル、雌雄比は八対七であった。

暗室に配置した縦一〇〇×横一〇〇×深さ五〇センチメートルの循環型水槽（ピーデー熱帯魚センター製）に、海洋深層水を深さ約三〇センチメートルになるまで注水した。水温は一〇度に制御された。

この水槽中に、ゴルフボール四六〇個が、重なることなく、水底の約九割の範囲を覆うように敷き詰められた。最初の実験では、この「ゴルフボール底質」上に、チューブは置かれなかった。実験開始時、個体はゴルフボール底質中央に置かれた。そして、行動が赤外光下、赤外線感知CCDカメラ（HOGA社製AI18C-AF/IR）を通し、HDDデジタルビデオレコーダ（SHARP製DV-ACW72）に八時間記録された。

行動は大きく「活動」と「不動」に分けられた。活動の内容は「遊泳、歩行、穴掘り」の三種であった。不動の内容は、場所によって三種に分けられ、「ボール上、ボール脇（ボールと水槽壁の間で落ち着く）、ボール間（ボールに囲まれて落ち着く）」であった。

それぞれの行動の出現頻度を見積もるため、各個体のビデオ映像から各行動に費やされた時間が計測され、その平均値が求められた。その結果、個体あたり平均約七時間三〇分（観察時間八時間の約九三％）は不動であり、その中でも、ボール間が最も多かった（平均約四時間）。どの個体も、歩行の途中でボールの間の隙間に頭部を差し入れると、強引に頭部でボールを押しのけながら体全体をボールの間にうずめ、そのままボール間で不動になることが多かった。

活動の中では、歩行が最も多かった（平均約二七分）。オオグソクムシはボール上を歩行し、頭部を差し入れやすい隙間を察知するとそこを広げて体をうずめ、長時間不動を保った後、再び歩行を始める、という過程を繰り返した。ボールを工夫してずらし、ボール間を進む個体はいなかった。

続く実験では、ボール底質上に穴掘り実験で使用されたプラスティックチューブを五個配置した（水槽中央へ一個、各辺の中央へそれぞれ一個）。このチューブあり実験の個体は、前述のチューブなし実験で用いられた一六個体であった。実験装置や方法は、チューブなし実験のものと同様であった。

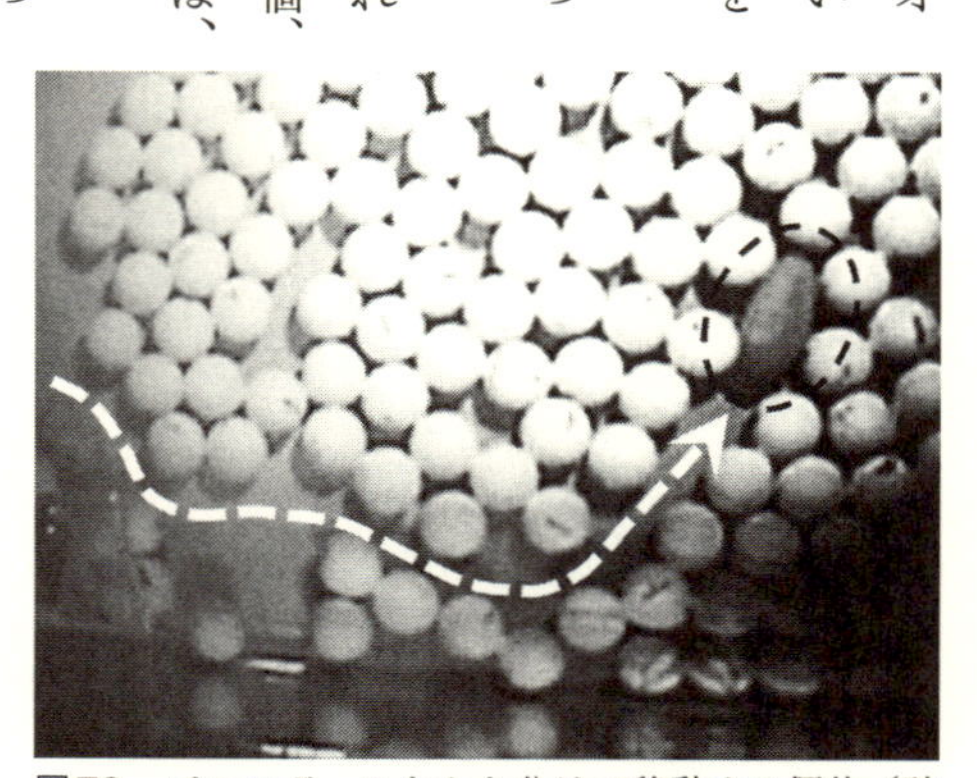

図79　ゴルフボールをかき分けて移動する個体（破線楕円内：個体、白破線矢印：移動跡）

チューブなし実験の結果と同様、どの個体も観察中ほとんど不動だった（平均約七時間一二分。観察時間八時間の約九〇％）。ただし、その中で最も多かったのはチューブ内であり、平均約二時間三七分であった。続いてボール間が多かった（平均約二時間二四分）。

活動の中では穴掘りが最も多く、平均約二六分であった。この値は、チューブなし実験での平均約三分の九倍に近い。その理由は、チューブあり実験では、六個体が、ボールを工夫してずらすことを繰り返し、ボール間を進むことができたからである。

各個体がずらしたボールの個数は二、三、五、五、八、一五であった。ボールの直径は個体の約三分の一であることから、二または三個をずらした個体は、体長と同程度の距離を進んだことになる。また、五、八または一五個をずらした個体は、それぞれ体長の二、三および五倍程度の距離を進んだことになる。

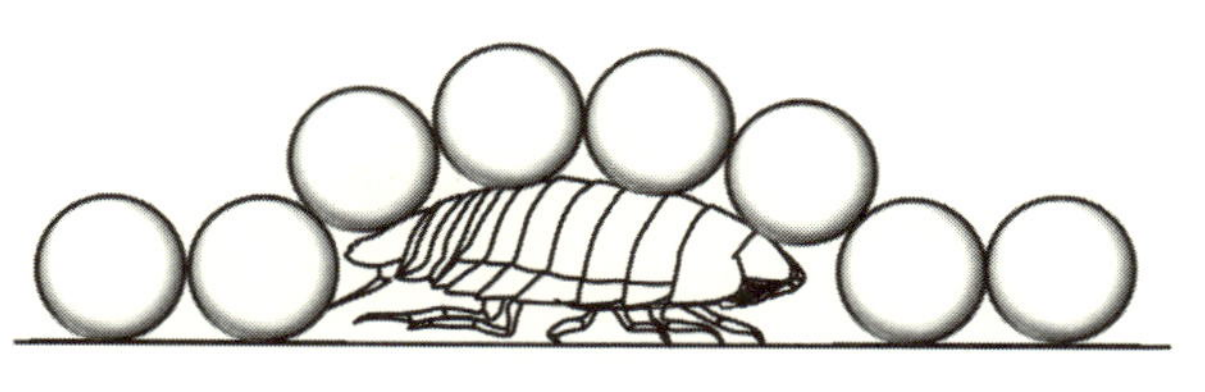

図80　ゴルフボールに潜って移動する個体

これらの個体は、頭部にボールが衝突すると、それを胸脚ではなく頭部でずらし、生じた隙間に頭部を差し込む、という行動を繰り返して、ボールの間を進行した。また、寒天等の底質中を進む場合、腹肢が盛んに活動して水流を起こし、胸脚によって崩された底質残渣を体の後方へ押し出したが、ボール底質では残渣が生じないため、腹肢は停止したままだった。

個体が進んだ跡は、通路のように残った（図79）。ただし、八個をずらした個体では通路は観察されなかった。なぜなら、この個体は、ボールを自身の脇ではなく、頭上へゆっくりと押し上げることを繰り返し、ボールと水槽底面の間を進んだからである（図80）。したがって、この個体が進む姿を水槽上面から観察することはできなかった。その代わり、個体が進むにつれ、八個のボールが順に持ち上がっては下がることの繰り返しが確認された。

ボールの間を進むことができたこれら六個体は、チューブにしばしば接触して底質の複雑さを知覚し、巣穴を作る欲求が生じ、穴掘りを実行したのだろう。欲求が自動的に穴掘りを実行させるのならば、頭部がボールの隙間に入ると、寒天底質での穴掘りと同様に、胸脚と腹肢を盛んに動かしてボールの間へ頭部を差し込むことを繰り返そうとしただろう。その場合、腹肢が作る水流の勢いで体が前進するため、頭部は前方のボールを強く押し出すだろう。すると、前方の複数のボールが隙間のない塊を形成してしまうので、個体はボールの間を進み続けることはできなかったと考えられる。

一方、実際のオオグソクムシでは、欲求と穴掘り行動は協調するため、底質が通常の穴掘りに適さないとオオグソクムシが察知すると、穴掘り行動は一旦保留され、その代わり、ボールをずらしてその間を進む行動が自律的に形成されたのだろう。

この行動の獲得は、掘ることが困難な底質を掘り進む「技」の獲得と言ってよいと思われる。これら六個体以外の個体は、ボール間を進まなかった代わりにチューブを穴として用いたため、その中に長時間（平均約二時間三七分）滞在したのだろう。チューブなし実験の個体は、シェルター穴を掘る代わりに、ボールで身を囲ったと考えられる。

以上のように、オオグソクムシは、穴掘りに適していない底質でも、底質表面構造が複雑な場合、行動に工夫を凝らして巣穴を形成しようとしたり、チューブを巣穴として利用したりしようとした。また、底質表面構造が平坦な場合、底質に身をうずめ、一時的な避難を試みた。

オオグソクムシは、避難穴や巣穴を掘る欲求に応じ、進化の過程で獲得された避難穴や巣穴掘りの行動を、自動的に発現するのではなく、状況に応じて、欲求と行動を共に調整し、行動を柔軟に変化させる、「行動の可塑性」を備えるのだ。この可塑性という性質は、オオグソクムシが、何が起こるかわからない未来に対し、常に足を踏み入れようとすること、あるいは、踏み入れざるを得ないこと、すなわち、生きようとするからこそ、必然的に備わるのであろう。

体内時計

本章の最後に、現在、おそらく世界で最も頻繁にオオグソクムシに触れている、本研究室の鷹野が進めている研究を紹介しよう。

長兼丸に一緒に乗った鷹野は、オオグソクムシが約二四時間周期の活動リズムを備えることを確認した。[52] いわゆる「概日（サーカディアン）リズム」を備えているのだ。

この研究のきっかけを作ったのは、前述のゴルフボール底質実験を担当した当研究室の卒業生、隈江であった。彼は、修士課程修了直前に、研究室で継続される今後の行動研究の予備実験のために、数個体の様子を、恒暗条件下で三日間ビデオ記録した。水温条件は八、一〇、一五度とした。すると、八度の場合、すべての個体は、一日のほとんどの時間を不動で過ごしたが、夕方五時になると、なぜか多くの個体が動きだすという現象が確認されたのだ。

この結果は、オオグソクムシが概日時計を備えることを示唆したが、実験で使用した個体は、いずれも一年間以上実験室で飼育されており、観察された二四時間周期の活動リズムの要因は、体内に備わる生物時計ではなく、飼育後に偶然獲得された習慣（それはそれでもちろん興味深いが）等、様々な可能性があった。そこで、私たちは、自然界で捕獲されて間もない個体を用い、オオグソクムシの活動リズムの有無を調べることにした。

私たちは、オオグソクムシを短期間で納入してくれる業者を教えてほしいと、鳥羽水族館の森滝丈也氏に尋ねた。二〇一五年四月九日のことだった。すると、すぐに静岡県の伊豆中央水産を紹介してくれた。森滝氏も一〇匹を購入したばかりで、どの個体も元気だとのことだった。そこで、早速電話で二〇匹を注文した。

採集域である駿河湾の荒天の影響などで、漁は少々遅れたが、二一日から二四日にかけて実施された。約三〇〇匹のオオグソクムシが捕獲され、会社内の水槽中、恒暗条件下、水温約一四・五度の条件で蓄養されているとの報告を得た。それらのうち、私たちの発注した二〇匹は二八日に出荷された。

出荷の報告を受け、鷹野と私は、実験水槽の海水をすべて抜き、水槽内壁および濾材のサンゴを洗浄した。そして、新たな海洋深層水を投入し、水温を一〇度に保った。暗幕や目張りに問題がないかどうかを調べ、不安な箇所を補強し、実験室の恒暗性を確保した。また、水槽全体を暗幕で覆った。こうして、個体を水槽へ投入した後に、実験室内で蛍光灯下の作業が生じた場合でも、水槽内の恒暗性が保たれるよう万全に用意した。

個体群の活動を撮影するために、赤外線感知ＣＣＤカメラ（ＨＯＧＡ社製ＡＩ１８Ｃ－ＡＦ／ＩＲ）を水槽直上に、水槽内部を照らす赤外線投光器三台を水槽側面近くに設置した。また実験室内で周期的な音や、オオグソクムシが驚くような音が生じていないか確認するために、マイクを水槽近くに設置した。映像と音は、隣室に設置されたデジタルビデオデッキで記録された。実験室内の気温は、エアコンによって二〇度に保たれた。

個体の入った段ボール箱が、翌二九日に到着した。実験室の照明を極力落として箱を開梱した。箱の中の発泡スチロール箱の蓋を開けると、新聞紙と保冷剤が詰まっており、それらを除くと、大きなビニール袋が見えた。中には海水が満たされており、その底に個体が確認された。海水温は一五度であった。

個体に照明の影響を極力与えないよう、ビニール袋から取り出し、脚の欠損等外観上の異常が認められなければ、すぐに実験水槽へ投入した。そのため、体長計測と雌雄判別を実施しなかった。二〇匹すべてに外観上の異常は見られなかった。

個体群を水温一〇度の実験水槽に移し、一週間後から撮影を開始した。撮影は、二週間の間、毎日、毎時〇分および三〇分に自動で開始されるようセットし、一五分間、水槽内の様子が記録された。その後、水温が八度へ下げられ、一週間後、同様の方法で記録が実施された。最後に、一二度の条件で、同様の方法で、記録が実施された。全期間において、個体群に餌は与えられなかった。また、死亡個体は現れなかった。

実験終了後、鷹野は、各水温条件（八、一〇、一二度）の記録映像において、各一五分間の記録の最初の一分間、画面に映っていた個体の数と、活動（歩行および遊泳）した個体の数を数えた。そして、横軸が時刻（毎時〇分および三〇分）、縦軸が活動率（活動した個体の割合＝活動した個体数÷画面に映っていた個体数）のグラフに値を記した。活動した個体の「数」ではなく、わざわざ「活動率」を調べるのは、次の理由による。

画面に映る個体数は二〇匹のはずだが、例えば、上下に複数個体が重なってしまうと、下段の個体は活動しているのか静止しているのか、画像では判断できなかった。そこで、実験者が画像で確認可能な個体のうち、どのくらいの割合の個体が活動したのか、すなわち、活動率を、活動の度合の判断材料としたのだ。このように、動物の活動の度合の時間変動を示す図を「アクトグラム（actogram）」と言う。

各水温条件のアクトグラムを見ると、いずれも活動率は断続的に変動していることがわかった。特に八および一〇度はその変動が顕著、すなわち、「活動相」と「休止相」の差が大きいことがわかった（図81）。一方一二度の条件では、変動は他の二条件のそれに比べ小さいように見えた。

この変動に、特徴的な周期、すなわち、オオグソクムシが、特定の時間間隔で活動する、という現象が見られるかどうかを、共同研究者である新潟大学の榎本洸一郎氏に調べてもらった。榎本氏は、私が公立はこだて未来大学で教員だったときに、第二期生として二〇〇一年に入学して来た。彼は、戸田真志氏（現熊本大学）の指導の下、生物の行動や分布を記録した画像や動画をコ

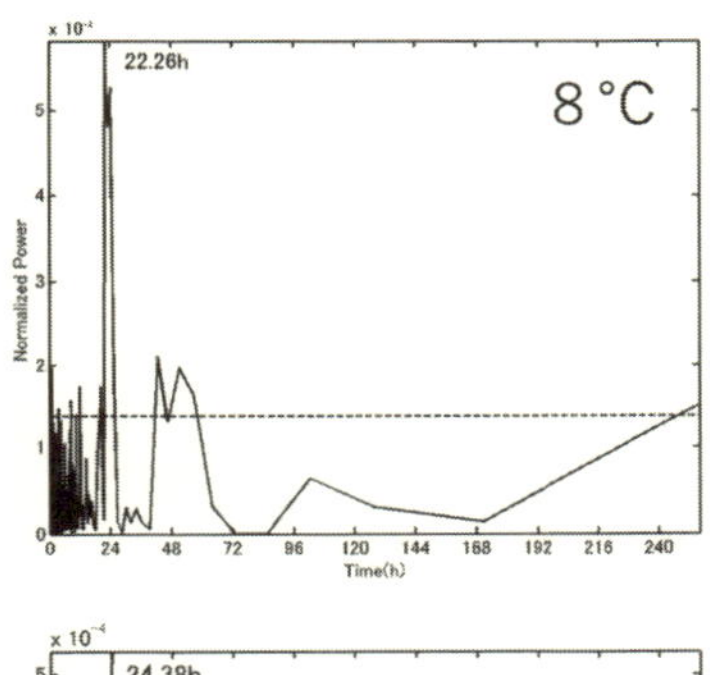

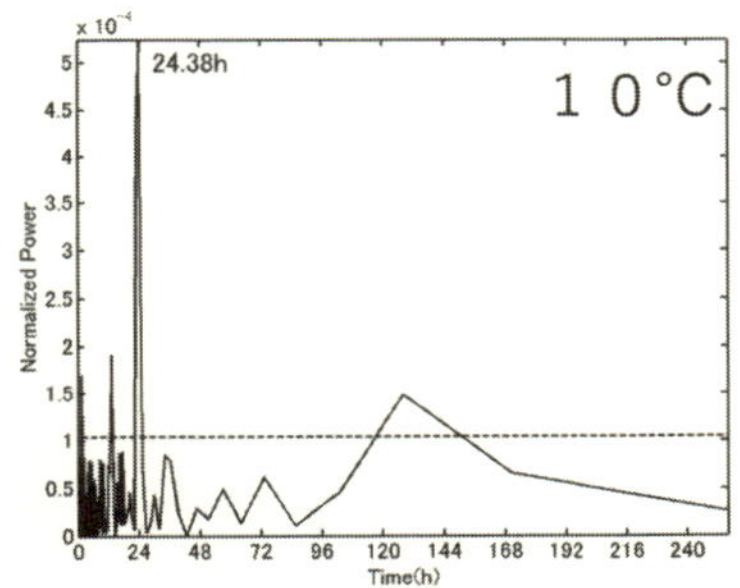

図82　8℃、10℃各水温条件でのピリオドグラム
横軸が周期（時間）、縦軸はパワー（周期の明瞭さ）。点線より大きな値をもち、かつ、単体の（形が鋭い）周期が、支配的な周期。

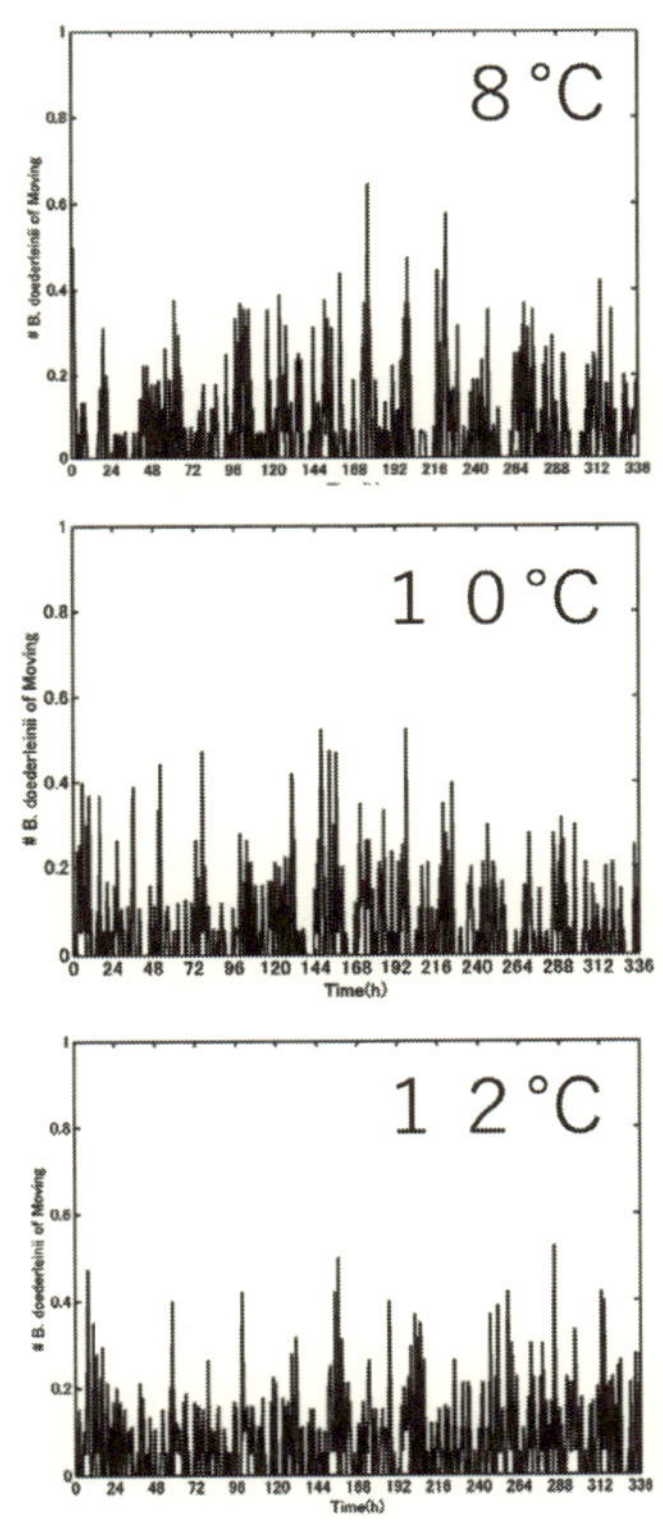

図81　各水温条件でのアクトグラム
横軸は時間、縦軸は1分間の観察中に活動した個体の割合。

ンピュータ上で処理し、その特徴を解析し、学術や産業に生かす研究者となった。オオグソクムシの実験では、アクトグラムの周波数解析を担当してもらい、横軸が周波数、縦軸がその強さを表す「ピリオドグラム（periodogram）」を作成してもらった。その結果、八および一〇度の条件では、それぞれ約一二および約二四時間の周期が強いことがわかった（図82）。すなわち、この水温条件の場合、オオグソクムシ個体群は概ね二四時間の周期で活動を活発化させる（一二時間ごとに活動と休止を繰り返す）ことがわかったのである。

このように、概ね二四時間、すなわち、約一日の周期をもつ、生体の行動や生理機能（体温や血圧等）の活動のリズムは、「概日リズム（circadian rhythm：サーカディアン・リズム）」と呼ばれる。「circadian」という語は、ハルバーグ（Halberg）が一九五九年に提唱したラテン語の造語である。circaは「約」、dianは「一日の」を意味し、この二つの語が合わせられ、「約一日の」、すなわち「概日」、を意味する。

このリズムは、私たち人間をはじめ、バクテリアを含む多くの生物が備えることが知られており、それを作りだしている生物体内の機構は「概日時計」と呼ばれている[53]。

概日時計は、時計と言われる通り、生体が置かれる環境にかかわらず、二四時間をほぼ正確に刻む。私たちの場合、夜が更けると自然に眠くなり、朝が来ると自然に目が覚める。この睡眠と覚醒が周期的に繰り返される概日活動リズムの主な要因は、夜は暗く朝は明るいから、すなわち、明るさの変化、という外的因子ではなく、概日時計という内的因子である。したがって、ヒトは、明るさが一定の部屋に閉じ込められても、概ねいつも就寝する時刻に眠くなり、起床する時刻に目が覚める。ただし、概日リズムの周期には個人差があり、二四時間よりも長い人もいれば短い人もいる。

このように、概日リズムは、二四時間周期で変化する光や温度等の外的因子がない場合でも、自律的に約二四時間の周期を示すという「自由継続性」を有する。

一方、実際の環境では、私たちは、地球の自転によって太陽が昇り、周囲が明るくなると目が覚め、太陽が沈み、暗くなるとやがて眠くなる。このように、概日リズムは、周期的に変化する外的要因に同調するという「同調性」を有する。多くの概日リズムは、光の周期的な明暗変化に同調するが、音や温度、餌の量の変化などへの同調もある。概日リズムを同調させる外的因子は「同調因子（ドイツ語ではZeitgeber）」と呼ばれる。また、概日リズムは、外界の温度変化の影響を受けにくいという「温度補償性」を有する。

このように、概日リズムは「自由継続性」、「同調性」、「温度補償性」という三つの基本特性を有し、睡眠と覚醒の繰返しのような活動だけでなく、血圧、体温、ホルモン分泌などでも見られる[53]。私たちが暗条件、気温、海水の温度や成分を極力一定になるように整えたのは、オオグソクムシの活動に、自由継続性のあるリズムがあるかどうかを確認するためであったのだ。

実験の結果、彼らの活動には、確かに約二四時間の自由継続リズムが確認された。ただし、そのリズムは、八および一〇度で見られたが、一二度では見られなかった。この結果は、オオグソクムシでは、活動リズムの温度補償性は限られた温度範囲において成立することを示唆する。

ちなみに、水温を五度まで下げると、彼らは活動できなくなり、胸脚を畳んだまま仰向けで水面へ浮かんでしまう。高い方では水温を一五度程度で飼育している研究室もある。ただ、一二度で活動リズムが観察されなくなることは、生理機構に何らかの変化が生じている可能性がある。例えば、昆虫は、一般に気温が高いと成長率が上がると言われている。

また、同調因子の検討も課題である。オオグソクムシの概日活動リズムを調整する外的因子は何か。前述の通り、多くの生物の概日リズムは、光の明暗周期に同調する。特に、光によってリセットされることが重要である。このリセットによって、生物は光環境の変動へ柔軟に対応できるのだ。

例えば、私がアメリカのロサンゼルスへ飛ぶと、時差ボケを経験する。ロスの時刻は、日本の時刻のマイナス一七時間である。日本で二四時ごろに就寝している私は、概日リズムのおかげで、ロスでは朝七時に眠くなるのである。すなわち、仕事や観光など、活動を始めようとする時刻から眠くなってしまうのだ。それは大変つらい。

ただ、現地でしばらく過ごすと、次第にこの時差ボケがなくなっていく。それは、朝眠くても、光を浴びることで概日時計がリセットされ、そのリセットされた時刻から、体にとっての一日が強制的に始まるからだ。このリセットが繰り返され、次第に体が現地の日周のリズムに適応していくのだ。

なお、ヒトを含む多くの哺乳動物の場合、個体の活動リズムに関わる概日時計の役割を担うのは、視神経が交差する視交叉のすぐ上にある「視交叉上核」という脳部位である。[54] 眼に入る光刺激の一部は、網膜から視神経を介して、直接、この視交叉上核へ伝えられる。

オオグソクムシの主な生息域は、中深層という水深二〇〇～一〇〇〇メートルの水域である。この層には、太陽光のうち、紫色やそれより波長の短い光（紫外線）は届いているので、光が同調因子である可能性はある。すでに述べた通り、陸生等脚目のダンゴムシ等に比べ、同じ仲間のオオグソクムシの複眼は大きい。前者の複眼を構成する個眼の数は二〇程度である一方、後者のそれは一〇〇〇程度はあると推測される。オオグソクムシのあの大きくサングラスのような複眼は、微弱な光を集めるために発達したのかもしれない。

ただし、光以外にも一日周期の同調因子がいくつか候補に挙げられる。例えば、潮汐によって海洋内部で鉛直方向に生じる「内部潮汐」、地球の自転の影響で海洋に生じる「慣性重力波」といった海洋の動き、そして日周鉛直移動する魚類やプランクトンによる「沈降有機物の周期的変動」等である。環境中の何が同調因子なのか、突き止めるには時間を要するが、根気よく研究を続け、明らかにしたいと思っている。

一方、その研究を引きつぐ鷹野の後輩は、別の要因を同調因子として発見するかもしれない。その候補は、個体間の相互作用である。鷹野が明らかにしたオオグソクムシの活動に潜む概日リズムは、二〇匹の個体群の活動の観察から得られた。現在、個体を個別の水槽へ投入して、同様の観察を実施し、オオグソクムシ個体の活動に、概日リズムが確かに見られるかどうかを検証する準備を進めている。穴掘り実験の章で述べた通り、自然界でのオオグソクムシは、底質が複雑な海底で複数個体が集まって暮らしている可能性がある。したがって、集団でいることが、活動リズム発生の重要な要因となっている可能性もあるのだ。

先に述べた通り、ヒト個体の活動の概日リズムを司るのは、脳の視交叉上核である。ここで生じたリズムの情報が、神経、あるいは血液を介して体の各器官へ伝えられ、個体は全体として概日活動日リズムを示す。

ところで、この視交叉上核自体が、二万個程度の神経細胞からできている。[54] それぞれの細胞は約二四時間周期の活動リズムをもつが、この周期は、個々に「完全に」同じとは考えがたい。したがって、細胞同士が、協調することで一つのリズムを作り出し、個体の活動にリズムを作り出しているはずである。そして、よく考えてみると、個体としてのヒトの活動周期に大きく影響を与えているのは「社会」なのではないだろうか。

朝の光は、もちろん私たちの概日時計をリセットしてくれるが、私たちの多くは目覚まし時計で起床する。その時刻は、会社や学校の始まる時刻から決められることが多いだろう。私たちの多くにとって、朝晩のリズムを作っているのは、今や、日の出と日の入りではなく、学校や会社の開始と終了時刻である。私たちの概日時計をリセットする第一の要因は、もしかしたら社会的な朝と晩を決める目覚まし時計なのかもしれない。

オオグソクムシは、もちろん目覚まし時計を持ってはいないが、私たちが推測したように各個体が隣接する巣穴で過ごす「オオグソクムシ村（図76）」を作っているならば、それぞれが起きる時刻になると、ゴソゴソという音が底質を介してそれぞれに伝わるだろう。そして、全体で奏でられる音の大きさがある一定以上の大きさになると、まだ休んでいる（眠っている？）個体も一斉に起き出し、その「村」の住人は全体で活動を始めるのかもしれない。この考えはもちろん私が作り出した空想に近い仮説にすぎない。しかし、ありえない話でもない。この仮説は、当研究室へ配属される、未来の学生たちによって、検証される予定である。

おわりに

二〇一六年一二月一三日。本書の原稿のアウトラインがようやく見え始めた頃、一通のメールが舞い込んだ。

森山徹さま

はじめまして、サンシャイン水族館でイベントの企画・販促を担当している二見（ふたみ）と申します。先日、本屋に行ったところ森山様が書かれている『オオグソクムシの謎』という本を見つけ、購入いたしました。私も二五年間飼育職を務めていたこともあり、生き物たちの個性を楽しんでおりました。ダイオウグソクムシを一日眺めていても飽きない人間の一人で、楽しく読ませて頂きました。

突然メールさせて頂いたのは、来年一月二七日から三月五日の期間で深海生物の特集を行う予定なのですが、その中で森山様に当館のカフェでトークをして頂きたいと思ったからです。まだジャストアイデアのため、実現できるかはわかりませんが、深海生物が好きな方は多く、きっと森山様の話を楽しんでくれると思います。あわせて本の販売などもさせてもらえればと思います。

もし興味をもっていただけたら、ご返信いただけると幸いです。

㈱サンシャインエンタプライズ　サンシャイン水族館　カスタマーコミュニケーション部

二見武史

「ダイオウグソクムシを一日眺めていても飽きない人間の一人」。贄川氏以来の変わり者の出現だった。だから、私は、ほとんど反射的に、承知のメールを返した。

続いて送られてきたメールには、依頼内容がより詳しく書かれていた。深海生物の特集展示のタイトルは「ゾクゾク深海生物」であった。宣伝チラシの中心には、ダイオウグソクムシが鎮座していた（図83）。今の日本では、深海生物といえば「グソク様」なのだ。この人気は、本当に根強い。

私が打診されたトークイベントは、サンシャイン水族館の営業が終了した後の一八時半から、館内の「カフェカナロア」を貸切り会場とし、二一時まで開催される予定とのことだった。参加者は、水族館が駿河湾で採集する深海生物のワンプレート料理、「深海プレート」をディナーとして堪能し、その後、私の約四五分間のトークを聞く予定だ。

深海プレートは、何とも魅力的な響きであった。料理は、水族館近くの「小料理居酒屋ダルマ」の大将さんが作ってくださるとのことだった。大将は、サンシャイン水族館の大ファンで、年間パスポートで毎日水族館へ通われているそうだ。

せっかくの料理の後に、参加者の皆さんをトークでがっかりさせる訳にはいかない。しかし、私には、皆さんの笑いを誘う、所謂「軽妙なトーク」をする才能はない。ここは、本書の執筆のおかげで得た知識や体験を、実直に紹介するしかないなと腹をくくった。

イベントは、二〇一七年三月三日（金）に開催されることに決まった。そして、二月三日に、二見さんが研究室へ挨拶に来られた。スタッフの寺崎佑理さんも一緒だった。二人ともきちんとスーツを着ていた。こんなに「ちゃんとした」人が研究室へ来るのは初めてだった。

二人は、イベントの主旨と概要を丁寧に説明してくれた。二見さんは、今は企画部門に所属されているが、長らく飼育を担当されていたようで、様々な海洋生物の興味深い話をたくさん聞かせて下さった。寺崎さんは、私と二

図83　イベント「ゾクゾク深海生物」のチラシ（於サンシャイン水族館、2017/01/27(金)～2017/03/05(日)開催。サンシャイン水族館HPより転載 http://www.sunshinecity.co.jp/event/e1413.html）

見さんの会話をノートに書きとったり、イベントのスケジュールを説明してくれたりした。とても丁寧に説明してくださったので、この二人なら、きっとトークも助けてくれるだろうと、私はすっかり安心することができた。

二月一〇日から、水族館のHPとSNSを通してイベントの告知が始まった。告知の文章は、以下のように始まった。

「期間限定イベント『ゾクゾク深海生物』の特別プログラムとして、美味しい深海生物料理を味わいながら深海生物の話が聞けるイベント『ゾクゾク！　深海トークショー〜ここでしか味わえない深海飯つき♪〜』を実施します！」。

なんだか、楽しそうである。少なくとも、大いに気になる告知である。二見さんや寺崎さんのプロの企画力には脱帽した。ただ、告知に続く申し込み要項には目を疑ってしまった。

「定員50名様　※応募者多数の場合は抽選となります。参加費：一般五〇〇〇円、水族館年間パスポートをお持ちの方四五〇〇円（ワンプレート&ワンドリンク、「毒毒毒毒毒毒毒毒展・痛（もうどく展2）」招待券付き）」。

「いやいや、五〇〇〇円はないでしょう。お客さん、来ないでしょう」。私は思わず声に出してつぶやいてしまった。しかも、募集期間は一七日までのたった一週間だった。五〇人入るカフェでお客さんは一〇人程度……。それは少々寂しすぎる。それに、企画してくださった水族館、料理を作ってくださるダルマさんに申し訳ない。「五〇〇〇円は驚きました。一五〇〇円くらいかと思っていました」と、やんわり参加費値下げを提案するメールを寺崎さんへ送ってしまった。普段、自分の講演等を決して告知しない私だったが、今回ばかりは、「しなくては」と思った。すぐに、本書を企画した贄川さんにお誘いのメールを送った。しかし、他に東京方面に住んでいる知り合いを思いつかなかった。思わず頭を抱えたが、贄川さんは編集者であることを改めて思い出した。そうだ、と思い、知りうる限りの出版社の編集者へ、イベント告知の拡散をお願いした。

二月二〇日に、寺崎さんからメールが送られて来た。募集期間延長かと思いきや、応募は六〇名で、抽選が実施されるとのことだった。「都会って、すごい」。私はまたも、一人つぶやいてしまった。東京は一〇〇〇万都市だ。そのことを忘れていた。そして、二見さんたちのマーケット調査力に感心した。

三月三日当日。寺崎さんに指定された一六時に間に合うよう、サンシャインシティ・ワールドインポートマートビル九階の、株式会社サンシャインエンタプライズ事務所を目指した。事前のメールで、「わかりづらいですが」と言われた通り、私は辿り着けず、結局水族館の入り口へ行き、係の人に寺崎さんを呼び出していただいた。

水族館を一通り案内していただき、事務所の一室でイベントの予定を説明していただいた後、部長、館長といった会社の代表者の方々が挨拶に来られた。イベントが本気モードである、すなわち、人と金がかかっていることを認識させられた。何事も本気モードであることをつい忘れてしまう自分に反省した。

皆さんが去られた後、講演資料の仕上げ作業を始めた。トーク開始時刻は一九時四五分。会場入りは休憩時間中の同三〇分なので、二時間以上あった。飾らず、知っていること、知ってほしいことを話そう。そう思ってパワポ資料の作成を続けた。途中、寺崎さんの同僚の正木慶子さんが挨拶に来てくださった。正木さんは、当時私たちが教えていた四年生の正木俊明くんのお姉さんだった。何という偶然だろう。雑談していただいたおかげで、緊張が少し和らいだ。

資料がほぼ出来上がった頃、二見さんが「深海プレート」の見本を持って来て下さった。大変興味があったのと、小腹が減ってきたところだったので、本当にうれしかった。

まず目に入ったのは、手毬（てまり）寿司のように可愛らしい三つのおにぎりだった（図84）。それぞれ昆布、のり（ワサビ入り）、しその葉（梅肉入り）で巻かれていた。米はもち米で、おかずの深海魚やエビなどの出汁（だし）で炊かれていた。しっかり米にしみ込んだ出汁が、噛むほどに口の中に広がり、巻物がその香りを絶妙に引き立てた。

魚は、まずフライ三種をいただいた（図84）。「ニギス」、「ホシザメ」、「メヒカリ（アオメエソ）」だった。どれも白身であっさりしているものの、味の輪郭はしっかりしていたので、味付けは塩だけで十分だった。続いて、ホイル蒸しされた「ユメカサゴ」をいただいた。こちらもあっさりだが、ポン酢がうま味を引き立てていた。さつま揚げは「ヒゲダラ（ヨロイイタチウオ）」で、少し甘味があった。最後に、見た目も美しい真薯を口へ運んだ。濃厚な「アカザエビ」の出汁が舌を刺激した。

深海プレートは絶品だった。どの料理も、普通の魚料理の味とはちょっと違った感じを与えてくれるのが、気持ちよかった。参加者の皆さんは、さらにフリードリンク付きだった。しかも、ワインもあり。この内容ならば、確かに、一五〇〇円は安すぎる。後は、私のトークがコケないことが重要だ。

皆さんは、うまい料理で会話もはずみ、盛り上がっていたようで、トークは予定より遅れ、二〇時から始まった。

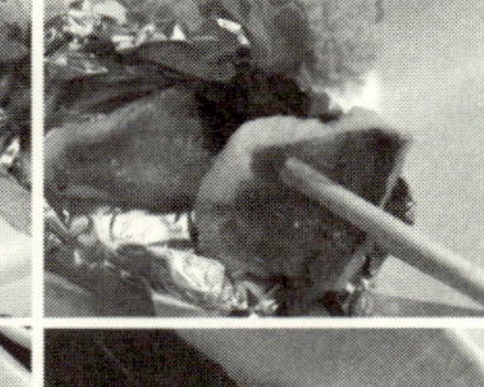

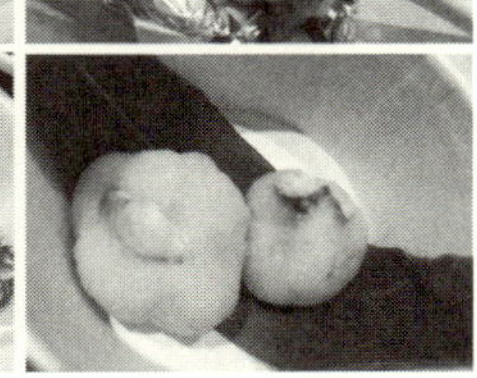

図84　深海プレート（ブログ「まめのぶら〜りお出かけ日記」の3月5日の記事より転載https://ameblo.jp/mame-222/entry-12253020648.html）
左上から時計回りに、深海魚だし汁炊きおにぎり（こぶ、のり、しそ）、ユメカサゴのホイル蒸し、アカザエビの真薯、ニギス、ホシザメ、メヒカリのフライとヒゲダラのさつま揚げ。

盛り上がりの腰を折るのは申し訳ない気がしたが、「こんばんは」と始めると、皆さんはすぐにスライドを注目してくださった。そして、私の拙いトークを熱心に聞いてくださった。

私は内心、ワインを飲み、お腹も満たされたお客さんは、コックリコックリを始めるだろうなと思っていた。しかし、幸い眠ってしまう人は皆無で、それどころか、多くの人が身を乗り出して話を聞いてくださった。おかげでこちらが調子に乗ってしまい、ついつい余計な話まで紹介して時間がなくなり、少し中途半端なかたちで最後を締めくくってしまった。

　トークの後の抽選会では、拙著も景品にしていただき恐縮したが、それよりも、目玉は「ダイオウグソクムシスリッパ」だった（図85）。水族館のショップで販売されているこのスリッパを考案したのは、二見さん夫妻である。第一触角までちゃんと備えているところが、流石、水族館職員オリジナル製品の証である。観客のみなさんには申し訳ないが、私は記念にと一足いただいてしまった。

　イベントは二一時すぎに終了した。私はそそくさと帰り支度を始めたが、数人の方が声をかけて下さった。オオグソクムシの実験の話、そして、私の研究の主題である「心とはなにか」について熱心に質問してくださる人たちと、有意義に議論することができ、私のほうが、いろいろと勉強することができた。中には、オオグソクムシを自宅で飼育している方もいた。

　最後まで私の斜め後ろで待っていたのが、贄川氏だった。私が、「いやあ、どうもありがとうございます」と贄川氏へ言うと、寺崎さんが、「では、行きましょうか」と私たちに声をかけ、二見さんが、「こちらです」とエレベーターへ向かって先導してくださった。四人が一階へ着くと、二見さん、寺崎さんが「ありがとうございました。よいイベントになりました」と労って下さった。「こちらこそ、よい経験ができました」と私は返した。

　私と贄川氏は、サンシャインシティから五分ほど歩いた辺りで、入り易そうなバーを見つけた。もちろん、そこでオオグソクムシ談議をするためだ。

ビールで乾杯してすぐ、私は、イベントへ多くの人が来てくれたこと、そして、トークを熱心に聞いてくださったことに、正直、驚いたと話した。贊川氏によれば、趣味や興味が多様化している現代、特に都会では、それは当たり前だと言われた。それを聞いて私は、本書を書き進める気力を増すことができた。

ワインが底をつき、そろそろお開きという頃、贊川氏は「無駄にマニアック」というキーワードを放ってくれた。それは本書の立ち位置のことである。「無駄にマニアック」。それは、誰の心にも潜むオタク的気質を正当化し、声高に表明することを可能にする表現だ。

本書を早く仕上げることを誓い、贊川氏と池袋の駅で別れた。

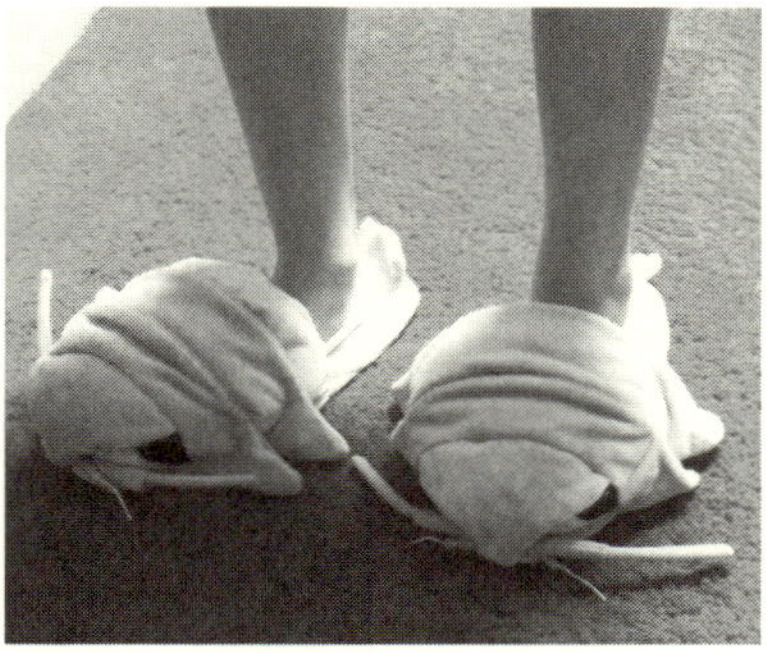

図85　ダイオウグソクムシスリッパ
筆者自宅にて撮影。モデルは次女

宿泊先のホテルに着くと、エントランスの自動ドアが開かなかった。一瞬ムッとしたが、気を取り直し、「無駄にマニアック」とつぶやいてみた。ドアが何事もなかったように開いた。フロントのお兄さんがニコニコ微笑んでいた。

みなさんにとって、本書が「無駄にマニアック」なコレクションの一つになりますように。それが、「オオグソクムシが大好き」になりつつある、私の願いである。

本書を書き進めるには、オオグソクムシについて様々な知見を得なくてはならなかった。私一人の力では、到底完成しなかった。

鳥羽水族館の森滝丈也氏は、お忙しい中、快くインタビューに応じて下さり、私の稚拙な質問に答えて下さった。氏から頂いた知識は、本文の随所に散りばめられた。杏林大学の田中浩輔氏には、ゼミ終了後のお疲れのところ、無理を言って解剖の実演をしていただいた。無駄のないピンセットさばきに、私は剣術の演武を重ねていた。首都大学東京の近藤日名子氏には、心拍計測の実演をしていただいた。そして、黒川信先生は、生物学を専門としない私に、基本的な知識を親切に教えて下さった。みなさんの優しさに感謝致します。

青土社書籍編集部の菱沼達也さんは、辛抱強く原稿の完成を待ってくださいました。本当に、ありがとうございました。

＊

二〇一七年一二月一四日の夕方。一通のメールが舞い込んだ。

信州大学　森山先生　鷹野さん
随分とご無沙汰しております。長崎大学の八木です。
グソクムシの水中動画ですが、なんとかリベンジに成功しました。

共同研究をしている、長崎大学水産学部の八木光靖氏からだった。

早速、添付されていた動画を見た。トラップの中で泳ぎまわるオオグソクムシを、確かに確認した。場所は長崎県五島列島南東沖（北緯三二度二四分、東経一二九度七分）。水深三〇九メートルの海底だった。

私たちは、ついに、深海底のオオグソクムシの行動を自前で長期間記録する術を得たのだ。果たして、深海底に、私たちが推測する「オオグソクムシ村」は存在するのか。明らかになる日は、きっと、近い。

森山 徹

二〇一八年三月四日

参考資料

（1）Sekiguchi H, Yamaguchi Y, Kobayashi H. Geographical distribution of scavenging giant isopods Bathynomids in the Northwestern Pacific. Bulletin of the Japanese Society of Scientific Fisheries 48: 499-504, 1982

（2）Sekiguchi H, Yamaguchi Y, Kobayashi H. *Bathynomus* (Isopoda: Cirolanidae) attacking sharks caught in a gill-net. Bulletin of the Faculty of Fisheries, Mie University 8: 11-17, 1981

（3）Lowry JK, Dempsey K. The giant deep-sea scavenger genus *Bathynomus* (Crustacea, Isopoda, Cirolanidae) in the Indo-West Pacific. In Richer De Forges B, Justine JL (eds) Tropical Deep-Sea Benthos 24. Mémoires du Muséum national d'Histoire naturelle 193: 163-192, 2006

（4）Shipley ON, Bruce NL, Violich M, Baco A, Morgan N, Rawlins S, Brooks EJ. A new species of *Bathynomus* Milne Edwards, 1879 (Isopoda: Cirolanidae) from The Bahamas, Western Atlantic. Zootaxa 4147: 82-88, 2016

（5）Kou Q, Chen J, Li X, He L, Yong Wang Y. New species of the giant deep-sea isopod genus *Bathynomus* (Crustacea, Isopoda, Cirolanidae) from Hainan Island, South China Sea. Integrative Zoology 12: 283–291, 2017

（6）International Code of Zoological Nomenclature online. http://www.nhm.ac.uk/hosted-sites/iczn/code/

（7）斉藤暢宏、蔵田泰治、李雅利「本州沖太平洋から採集された中・深層漂泳性等脚類オナシグソクムシ属（甲殻上綱・等脚目・オナシグソクムシ科）について」『日本プランクトン学会報』第四九巻、八八－九四頁、二〇〇二年

（8）Mensies RJ, Dow T. The largest known bathypelagic isopod, *Anuropus bathypelagicus* n. sp. Annals and Magazine of Natural History Series 13, 1: 1-6, 1958

（9）小幡喜一、大森昌衛「秩父盆地の子の神砂岩層（下部中新統）産の化石オオグソクムシ」『埼玉県立自然史博物館研究報告』第一一巻、五七－六四頁、一九九三年

（10）椎野季雄著、内田亨監修『動物系統分類学』第七巻（上）、中山書店、一九六四年

（11）Chamberlain SC, Meyer-Rochow VB, Dossert WP. Morphology of the compound eye of the giant deep-sea isopod *Bathynomus giganteus*. Journal of Morphology 189: 145-156, 1986

（12）Microscopic Anatomy of Invertebrates Volume 9 Crustacea (eds: FW Harrison, AG Humes), Wiley-Liss, 1992

（13）江崎グリコ株式会社公式HP. https://www.glico.com/jp/enjoy/contents/glico02/

（14）Johnson C. Mating Behavior of the terrestrial isopod, *Venezillo evergladensis* (Oniscoidea, Armadillidae). The American Midland Naturalist 114: 216-224, 1985
（15）Charniaux-Cotton H. Discovery in an amphipod crustacean (*Orchestia gammarella*) of an endocrine gland responsible for the differentiation of primary and secondary male sex characteristics. Comptes Rendus de l'Académie des Sciences Paris 239: 780-782, 1954
（16）Hasegawa Y, Hirose E, Katakura Y. Hormonal control of sexual differentiation and reproduction in Crustacea. American Zoologist 33: 403-411, 1993
（17）Charniaux-Cotton H, Payen G. Sexual differentiation. In; The biology of Crustacea vol. 9 (eds: Bliss DE Mantel LH), 217-299, Academic Press, 1985
（18）長谷川由利子「甲殻類の性分化と造雄腺ホルモン」『慶應義塾大学商学部創立五十周年記念日吉論文集』五〇五－五一三頁、二〇〇七年
（19）Sagi A, Snir E, Khalaila I. Sexual differentiation in decapod crustaceans: role of the androgenic gland. Invertebrate Reproduction & Development 31: 55-61, 1997
（20）小林靖尚「雄から雌、雌から雄へと両方向に性転換する魚――オキナワベニハゼ *Trimma okinawae*」『日本比較内分泌学会ニュース』第一一八巻、二一－六頁、二〇〇五年
（21）河合良訓（監修）、原島広至（本文・イラスト）『脳単――語源から覚える解剖学英単語集［脳・神経編］）』エヌ・ティー・エス、二〇〇五年
（22）下澤楯夫・針山孝彦（監修）『昆虫ミメティックス――昆虫の設計に学ぶ』エヌ・ティー・エス、二〇〇八年
（23）Tanaka K, Kuwasawa K. Central outputs for extrinsic neural control of the heart in an isopod crustacean, *Bathynomus doederleini*: Neuroanatomy and electrophysiology. Comparative Biochemistry and Physiology Part C: Comparative Pharmacology 98: 79-86, 1991
（24）Milne-Edwards A. Sur um isopode gigantes que des grandes profondeurs de la mer. Comptes Rendus de l'Académie des Sciences Paris 83: 21-23, 1879
（25）Ortmann A. A New Species of the Isopod-Genus *Bathynomus*. Proceedings of the Academy of Natural Sciences of Philadelphia 46: 191-193, 1894
（26）L・H・P・デーデルライン、磯野直秀訳「日本の動物相の研究／江ノ島と相模湾」『慶應義塾大学日吉紀要・自然科学』第四巻、七二－八五頁、一九八八年（原典：Döderlein L. Faunistische Studien in Japan: Enoshima und die Sagami-Bai. Archiv für Naturgeschichte 49: 102-123, 1883）
（27）瀧澤美奈子『日本の深海』講談社、二〇一三年

(28) Alexandrowicz JS. The innervation of the heart of the Crustacea. I. Decapoda. Quarterly Journal of Microscopical Science 75: 181-249, 1932

(29) Alexandrowicz JS. The innervation of the heart of the Crustacea. II. Stomatopoda. Quarterly Journal of Microscopical Science 76: 511-48, 1934

(30) Alexandrowicz JS. Innervation of the heart of *Ligia oceanica*. Journal of the Marine Biological Association of the United Kingdom 31: 85-95, 1952

(31) Kihara A, Kuwasawa K. A neuroanatomical and electrophysiological analysis of nervous regulation in the heart of an isopod crustacean, *Bathynomus doederleini*. Journal of Comparative Physiology A 154: 883-894, 1984

(32) Tsukamoto YF, Kuwasawa K, Okada J. Anatomy and physiology of neural regulation of haemolymph flow in the lateral arteries of the isopod crustacean, *Bathynomus doederleini*. Pylogenic Models in Functional Coupling of the CNS and Cardiovascular System, Comparative Physiology volume 11 (eds: R. B. Hill, K Kuwasawa), 70-85, Karger, 1992

(33) Tsukamoto YF, Kuwasawa K. Neurohormonal and glutamatergic neuronal control of the cardioarterial valves in the isopod crustacean *Bathynomus doederleini*. Journal of Experimental Biology 206: 431-443, 2003

(34) Okada J, Kuwasawa K. Neural mechanisms governing distribution of cardiac output in an isopod crustacean, *Bathynomus doederleini*: reflexes controlling the cardioarterial valves. Journal of Comparative Physiology A 176: 479-489, 1995

(35) 岡田二郎「桑澤清明先生とオオグソクムシと過ごした日々」『比較生理生化学』第三一巻、二二二-二二五頁、二〇一四年

(36) Tso SF, Mok HK. Development, reproduction and nutrition of the giant isopod *Bathynomus doederleini* Ortmann, 1894 (Isopoda, Flabellifera, Cirolanidae). Crustaceana 61: 141 – 154, 1991

(37) Soong K, Mok H. Size and maturity stage observation of the deep-sea isopod *Bathynomus doederlini* Ortmann, 1894 (Flabellifera: Cirolanidae), in eastern Taiwan. Journal of Crustacean Biology 14: 72-79, 1994

(38) Briones-Fourzán P, Lozano-Alvarez E. Aspects of the biology of the giant isopod *Bathynomus giganteus* A. Milne Edwards, 1879 (Flabellifera: Cirolanidae), Off the Yucatan Peninsula. Journal of Crustacean Biology 11: 375-385, 1991

(39) 小幡喜一「秩父盆地の子ノ神層（中新統）から産出した甲殻類等脚目 *Bathynomus undecimspinosus*（ジュウイチトゲオオグソクムシ）」『埼玉県立自然史博物館研究報告』第二三巻、一-九頁、二〇〇六年

(40) Thomson M, Robertson K, Pile A. Microscopic structure of the antennulae and antennae on the deep-sea isopod *Bathynomus Pelor*. Journal of Crustacean Biology 29: 302-316, 2009

（41）Sekiguchi H. Note on the burrow of a giant deep-sea isopod *Bathynomus doederleini* (Flabelifera: Cirolanidae). Proceedings of the Japanese Society of Systematic Zoology 31: 26–29, 1985
（42）松岡敬二、小出和正「八尾層群産オオグソクムシ（甲殻類・等脚目）化石」『瑞浪市化石博研報』第七巻、五一－五八頁、一九八〇年
（43）Iwasaki M, Ohata A, Okada Y, Sekiguchi H, Niida A. Functional organization of anterior thoracic stretch receptors in the deep-sea isopod *Bathynomus doederleini*: behavioral, morphological and physiological studies. Journal of Experimental Biology 204: 3411–3423, 2001
（44）Matsui T, Moriyama T, Kato R. Burrow plasticity in the deep-sea isopod *Bathynomus doederleini* (Crustacea: Isopoda: Cirolanidae). Zoological Science 28: 863-868, 2011
（45）Smith CR, Kukert H, Wheatcroft RA, Jumars PA, Deming JW. Vent fauna on whale remains. Nature 341: 27-28, 1987
（46）Fujikura K, Fujiwara Y, Kawato M. A new species of *Osedax* (Annelida: Siboglinidae) associated with whale carcasses off Kyushu, Japan". Zoological Science 23: 733-740, 2006
（47）Nishikawa T. A new deep-water lancelet (Cephalochordata) from off Cape Nomamisaki, SW Japan, with a proposal of the revised system recovering the genus *Asymmetron*. Zoological Science 21: 1131-1136, 2004
（48）Taylor AC, Moore PG. The burrows and physiological adaptations to a burrowing lifestyle of *Natatolana borealis* (Isopoda: Cirolanidae). Marine Biology 123: 805–814, 1995
（49）Scheel D, Chancellor S, Hing M, Lawrence M, Linquist S, Godfrey-Smith P. A second site occupied by *Octopus tetricus* at high densities, with notes on their ecology and behavior. Marine and Freshwater Behaviour and Physiology 50, 285-291, 2017
（50）Zwarts L, Wanink JH. How the food supply harvestable by waders in the Wadden Sea depends on the variation in energy density, body weight, biomass, burying depth and behaviour of tidal-flat invertebrates. Netherlands Journal of Sea Research 31: 441-476, 1993
（51）隈江俊也「オオグソクムシの知的行動に関する研究」（平成26年度信州大学大学院理工学研究科修士学位論文）二〇一五年
（52）鷹野伸輔「オオグソクムシにおける概日活動リズムに関する研究」（平成29年度信州大学大学院総合理工学研究科修士学位論文）二〇一八年
（53）富岡憲治、井上慎一、沼田英治『時間生物学の基礎』裳華房、二〇〇三年
（54）ＮＨＫ「サイエンスＺＥＲＯ」取材班、上田泰己『時計遺伝子の正体』ＮＨＫ出版、二〇一一年

著者　森山徹（もりやま・とおる）
1969年生まれ。神戸大学大学院自然科学研究科知能科学専攻博士後期課程修了（博士・理学）。公立はこだて未来大学複雑系科学科助手、信州大学ファイバーナノテク国際若手研究者育成拠点特任助教、同大学繊維学部助教を経て、現在、同学部准教授。専門は比較心理学。ダンゴムシ、オオグソクムシ、ミナミコメツキガニ、そして、モノゴトの心を探究中。自由を実践的に考えたい学生（博士・修士・学部）大募集中。
著書に『ダンゴムシに心はあるのか』（PHPサイエンス・ワールド新書）、『オオグソクムシの謎』（PHPエディターズ・グループ）、『モノに心はあるのか』（新潮選書）。

オオグソクムシの本

2018年4月10日　第1刷印刷
2018年4月20日　第1刷発行

著者――森山徹

発行人――清水一人
発行所――青土社
〒101-0051　東京都千代田区神田神保町1-29　市瀬ビル
［電話］03-3291-9831（編集）　03-3294-7829（営業）
［振替］00190-7-192955

印刷・製本――シナノ印刷

装幀――小沼宏之

扉・本文イラスト――月出里
帯写真――KASEI

ISBN978-4-7917-7048-9　C0045